能源与电力分析年度报告系列

2014

中国节能节电分析报告

国网能源研究院 编著

中国电力出版社
CHINA ELECTRIC POWER PRESS

内 容 提 要

《中国节能节电分析报告》是能源与电力分析年度报告系列之一，主要对国家出台的节能政策法规和措施进行总结评述，测算重点行业和全社会节能节电成效，为准确把握我国节能形势、合理制定相关政策和措施提供决策参考和依据。

本报告对我国 2013 年节能节电面临的形势、出台的政策措施以及全社会节能节电成效进行了深入分析和总结，并重点分析工业、建筑、交通运输领域的运行情况、能源电力消费情况、能耗电耗指标变动情况以及主要节能节电措施和成效。

本报告适合电力市场分析人员、能源分析人员、经济分析人员、节能节电分析人员、国家相关政策制定者及科研工作者参考使用。

图书在版编目（CIP）数据

中国节能节电分析报告.2014/国网能源研究院编著.—北京：中国电力出版社，2014.12

（能源与电力分析年度报告系列）

ISBN 978-7-5123-6914-6

Ⅰ.①中… Ⅱ.①国… Ⅲ.①节能－研究报告－中国－2014②节电－研究报告－中国－2014 Ⅳ.①TK01

中国版本图书馆 CIP 数据核字（2014）第 283168 号

中国电力出版社出版、发行

（北京市东城区北京站西街 19 号 100005 http://www.cepp.sgcc.com.cn）

汇鑫印务有限公司印刷

各地新华书店经售

＊

2014 年 12 月第一版 2014 年 12 月北京第一次印刷

700 毫米×1000 毫米 16 开本 12.75 印张 153 千字

印数 0001－2000 册 定价 50.00 元

前 言

  国网能源研究院多年来紧密跟踪全社会及重点行业节能节电、电力需求侧管理、能源替代的进展，开展全社会节能节电分析、重点行业节能节电分析，形成年度系列分析报告，为政府部门、电力企业和社会各界提供了有价值的决策参考和信息。

  节能减排不仅是减少化石能源消费、降低污染物排放、治理大气污染的有效手段和必要措施，而且是调整经济结构、转变发展方式、推动科学发展的重要抓手。"十二五"规划纲要提出，到2015年，全国单位GDP能耗比2010年下降16%，单位GDP二氧化碳排放比2010年下降17%，二氧化硫排放下降8%，氮氧化物排放下降10%，非化石能源占一次能源消费比重达到11.4%。为顺利实现节能减排目标，国家出台了一系列节能减排政策，各地方、各行业采取多种措施，开展大量工作，取得一定成效。

  "十二五"前三年，单位GDP能耗下降只完成五年任务的54%，二氧化碳排放量下降目标只完成20%，与60%的进度要求还有明显差距。要实现"十二五"节能减排目标任务，后两年单位GDP能耗须年均降低3.9%以上，二氧化碳排放量须年均下降4.2%以上，远高于前三年平均降幅，节能形势严峻，节能任务依然繁重，需进一步加大节能减排工作力度，提高能源利用效率。经济发展方式仍较粗放，产业结构调整滞后，特别是重化工业比重较大、能效技术水平较低是导致年度节能减排进度滞后的重要原因。与此同时，节能减排工作中存在的责任落实不到位、激励约束机制不健全、研发基础薄弱、能力建设滞后、监管督查不力等问题也十分突出。未来，在进一步优化产业结构的同时，要严格控制高耗能、高排放和产能过剩行业新上项目，继续淘汰落后产能，大力推广高效节能产品，发展节能服务产业，促进市场化机制、信息化平台建设，助推全社会节能减排。

本报告分为概述、节能篇和节电篇三部分。

概述主要从我国面临的能源瓶颈、环境压力说明节能工作的重要性、紧迫性，并在分析全社会主要节能措施及效果的基础上，总结工业、建筑、交通运输等主要领域及全社会节能节电效果，并对未来我国节能工作进行了展望和建议。

节能篇主要从我国能源消费情况，以及工业、建筑、交通运输等领域的具体节能工作进展等方面对全社会节能成效进行分析，共分5章。第1章介绍了2013年我国能源消费的主要特点；第2章分析了工业领域的节能情况，重点分析了钢铁工业、有色金属工业、建材工业、石化和化学工业，以及电力工业的行业运行情况、能源消费特点、节能措施和节能成效；第3章分析了建筑领域的节能情况；第4章分析了交通运输领域中公路、铁路、水路、民航等各细分领域的节能情况；第5章对我国全社会节能成效进行了分析汇总。

节电篇主要从我国电力消费情况，以及工业、建筑、交通运输等领域的节电工作进展等方面对全社会节电成效进行分析，共分5章。第1章介绍了2013年我国电力消费的主要特点；第2章分析了工业重点领域的节电情况；第3章分析了建筑领域的节电情况；第4章分析了交通运输领域的节电情况；第5章对全社会节电成效进行了分析汇总。

此外，本报告在附录中摘录了最新的能源和电力数据、节能减排政策法规、节能节电相关技术名词及术语释义、能源计量单位及换算等。

本报告概述由王庆一、霍沫霖、马轶群、张成龙、韩新阳主笔；节能篇由王庆一、王成洁、王向、霍沫霖、王永培、孙祥栋、马轶群、郭利杰、张成龙主笔；节电篇由孙祥栋、霍沫霖、王向、马轶群、王成洁、郭利杰、王永培主笔；附录由王庆一、霍沫霖、马轶群主笔。全书由霍沫霖统稿，韩新阳校核。

王庆一教授为本报告的编写提供了大量基础数据和分析材料，并对研究团队的建设和培养给予了无私帮助。在本报告的编写过程中，也得到了能源、电力等领域多位专家、学者的悉心指导和无私帮助，在此一并表示衷心感谢！

限于作者水平，虽然对书稿进行了反复研究推敲，但难免仍会存在疏漏与不足之处，恳请读者谅解并批评指正！

编 著 者

2014 年 11 月

目　录

节 电 篇

概　　述

　　节约资源和保护环境是我国的基本国策。推进节能减排工作，加快建设资源节约型、环境友好型社会是我国的一项重大战略任务。党的十八大明确提出要加强节能减排，推进生态文明建设，实现中华民族永续发展。国务院于 2012 年印发《节能减排"十二五"规划》，进一步明确了节能减排的指导思想、基本原则、主要目标、重点任务和保证措施，为推动我国节能减排工作深入有序开展提供了纲领性文件；2013 年颁布的《大气污染防治行动计划》（国发〔2013〕37 号）对节能减排工作提出了具体要求，并制定了针对性措施；2014 年颁布的《国家应对气候变化规划（2014－2020)》指出，积极应对气候变化事关中华民族和全人类的长远利益，事关我国经济社会发展全局，并进一步明确到 2020 年实现单位国内生产总值二氧化碳排放比 2005 年下降 40％～45％、非化石能源占一次能源消费的比重达到15％左右等目标。2014 年 4 月，全国人大通过了《环境保护法》修订案，为进一步强化节能减排提供了法律依据。在中央政府的决策部署下，在国家相关政策指导下，各地方、各部门、各行业采取多种措施，把节能减排作为调整经济结构、转变发展方式、推动科学发展的重要抓手，采取一系列政策措施，推动我国节能工作取得积极进展，但节能减排工作任重道远。

　　2013 年，经各方努力，我国节能工作取得积极进展，全国万元国内生产总值能源消费量比上年下降 3.54％，但是"十二五"前三年，单位 GDP 能耗下降只完成五年任务的 54%，与 60% 的进度要求还有明显差距。

尽管工业产品单位能耗普遍下降，但总体来说，与国际先进水平相比仍有较大提升空间。2013 年，合成氨、墙体材料、乙烯、原油加工单位能耗仍然较国际先进水平分别高出 54.7%、49.7%、39.7%、28.8%。根据我国 2013 年能耗水平以及国际先进水平测算，我国工业领域八个高耗能行业节能潜力约 3.58 亿 tce。

当前，严重雾霾频繁发生，政府高度重视节能减排工作，制定了一系列更具针对性的政策措施。同时，必须认识到：重化工业比重较大且下降缓慢，以煤炭为主的能源消费结构失衡，能源利用效率整体偏低，能源对外依存度进一步提高等问题存在，政策机制不完善、基础工作薄弱等问题也日益凸显。我国节能减排工作任重道远。

一、节能形势

（一）节能减排目标完成进度滞后，未来节能减排压力较大

我国政府在"十二五"规划纲要、《"十二五"节能减排综合性工作方案》中提出了"十二五"节能减排约束性目标，明确提出到 2015 年，全国单位 GDP 能耗比 2010 年下降 16%，"十二五"期间，实现节约能源 6.7 亿 tce。"十二五"前三年，单位 GDP 能耗下降仅完成五年任务的 54%，二氧化碳（CO_2）排放量下降目标仅完成 20%，与 60% 的进度要求还有明显差距。要实现"十二五"节能减排目标任务，后两年单位 GDP 能耗须年均降低 3.9% 以上，CO_2 排放量须年均下降 4.2% 以上，远高于前三年平均降幅，需进一步加大节能工作力度，提高能源利用效率。

2013 年，炼油、电石等产品单位能耗不降反升，反映出节能减排任务艰巨。原油加工综合能耗由 2012 年的 93kgce/t 上升为 94kgce/t；电石单位电耗由 2012 年的 3360kW·h/t 上升为 3423kW·h/t。

（二）重化工业化仍将持续多年

工业化、城镇化带来消费结构升级，重工业快速发展。1995 年重工业产值占工业总产值的比重为 52.7％，2000 年升至 60.2％，2012 年达 71.5％。2013 年，汽车和家用电器制造业消耗钢材分别占 6.8％和 1.5％；建筑业消耗钢材 3.8 亿 t，占全国钢材总消费量的 55.5％，占全球钢材消费量的 1/4；建筑业消耗水泥约为 21.7 亿 t，占全球水泥消费量的 54％。中国正处于房屋建设鼎盛期，汽车和家用电器具需求也有很大增长空间。这三项拉动钢铁、建材、电力、石化、工程机械、电力设备、汽车等重工业高速发展。

预计中国的重化工业化还将持续 10 年时间，钢铁、水泥等高耗能产品产量将持续增长，2020 年钢产量将出现峰值，达 8.5 亿 t❶，为 2000 年的 6.6 倍；2023 年水泥产量将出现峰值，达 32.5 亿 t❷，为 2000 年的 4.7 倍。

2013 年，第二产业增加值占国内生产总值的比重为 43.9％，首次低于第三产业增加值比重，与 2000 年 45.9％的水平相比，经济结构调整缓慢。工业结构中，高耗能、高污染行业比重较大，比重下降缓慢。重工业单位产值能耗为轻工业的 4 倍，因此节能工作任重道远。

（三）以煤为主的能源结构难以改变

2000 年以来，尽管可再生能源开发利用迅猛增长，2013 年达 4.207 亿 tce，比 2000 年的 0.863 亿 tce 增加 3.344 亿 tce，但远远赶不上煤炭产量的增长。2013 年煤炭产量 36.80 亿 t，比 2000 年的 13.84 亿 t 增加 22.96 亿 t，相当于 16.39 亿 tce。2000—2013 年可再

❶ 冶金工业规划研究院，2013 年 10 月。
❷ 中国水泥研究院，2014 年 5 月。

生能源增量仅为煤炭增量的五分之一。预计未来煤炭消费仍将大幅增长，2020 年将达 42 亿 t，更多煤炭用于发电。

（四）大量燃煤导致大气环境恶化

以煤为主的能源消费结构对大气环境带来较大影响。目前，燃煤排放的烟尘、二氧化硫（SO_2）、氮氧化物（NO_x）和 CO_2 分别占总排量的 70%、85%、67% 和 80%。2013 年，全国 SO_2 排放量达 2043 万 t，NO_x 达 2227 万 t，工业烟（粉）尘达 1278 万 t。

2013 年，雾霾天气呈现范围大、时间长、PM2.5 浓度高等特点，成为堪比伦敦烟雾事件的环境灾害。2013 年 1 月，北京雾霾天气肆虐 26 天。2013 年 12 月上旬，浓重雾霾笼罩中东部地区 25 个省份的 104 个城市，蔓延近半国土，持续 9 天之久；12 月 6 日，上海 PM2.5 浓度达 $603\mu g/m^3$，给公众健康带来严重危害。据 2013 年 3 月 31 日发布的《2010 全球疾病负担评估》报告（50 个国家近 500 名科学家共同参与完成），2010 年中国室外空气颗粒物（主要是 PM2.5）污染导致 120 万人死亡。

中国化石燃料燃烧排放的 CO_2 在 2010 年超过美国居世界首位，2012 年中国 CO_2 排放量达 83.11 亿 t，其中燃煤排放占 79.1%。

（五）能源对外依存度不断提高

2000 年中国原油进口量为 7027 万 t，2013 年达到 28 214 万 t。2000 年原油净进口 5996 万 t，对外依存度为 26.4%；2013 年原油净进口 28 052 万 t，对外依存度升至 56.5%；预计 2020 年对外依存度可能超过 70%。2013 年，石油（原油加成品油）净进口 30 422 万 t，对外依存度达 61.7%。

2013 年天然气（管输气加液化天然气）进口 518.2 亿 m^3，出口 27.1 亿 m^3，净进口 491.1 亿 m^3，消费量 1676 亿 m^3，对外依存度达 29.3%。

近年来东南沿海地区进口煤价低于国产煤，加之煤炭进口零关税，煤炭进口量激增，2000年仅2.02Mt，2013年达327.08Mt，出口7.51Mt，净进口319.57Mt，消费量3657Mt，对外依存度为8.7%。

能源对外依存度飙升，意味着面临更大的供应风险、价格风险，以及地缘政治风险和外交风险，值得高度警惕。

二、节能政策与措施

（一）节能政策

随着"十二五"节能减排目标的颁布，政府不断加大节能减排力度，2013年以来，国家陆续出台了《节能低碳技术推广管理暂行办法》《重点行业清洁生产技术推行方案》《国务院关于加快发展节能环保产业的意见》等一系列节能环保产业发展规划，促进环保产业健康迅速发展；同时出台了《煤电节能减排升级与改造行动计划（2014－2020年）》《关于加快新能源汽车推广应用的指导意见》《工信部关于有色金属工业节能减排的指导意见》等针对重点行业节能增效、减排降耗的行动计划，力求做到"开源""节流"两手抓；另外还制定了诸如《国际金融组织贷款赠款项目绩效评价管理办法》《能源管理体系认证规则》《2014年工业节能监察重点工作计划》等一系列配套政策法规以及相关能效标准，对节能减排工作的开展起到了积极的推动作用。

各省（区、市）积极响应，根据地方特点纷纷出台了相关政策和实施方案，如《北京市2013年节能降耗与应对气候变化重点工作计划》《河北省关于切实做好2013年度改善生态环境工作的意见》《陕西省大气污染防治条例》《山东省出台节能环保产业发展实施意见》等。

（二）节能措施

（1）以价控耗，通过电价杠杆控制能耗、排放以及过剩产能。

2013年，国家发展改革委发布《关于调整可再生能源电价附加标准与环保电价有关事项的通知》，为支持可再生能源发展，鼓励燃煤发电企业进行脱硝、除尘改造，促进环境保护，决定适当调整可再生能源电价附加和燃煤发电企业脱硝等环保电价标准。将燃煤发电企业脱硝电价补偿标准由每千瓦时 0.8 分钱提高至 1 分钱，对采用新技术进行除尘设施改造、烟尘排放浓度低于 30mg/m³（重点地区低于 20mg/m³），并经环保部门验收合格的燃煤发电企业除尘成本予以适当支持，电价补偿标准为每千瓦时 0.2 分钱。

2014 年 5 月，国务院印发了《2014—2015 年节能减排低碳发展行动方案》，指出国家将严格清理地方违规出台的高耗能企业优惠电价政策。落实差别电价和惩罚性电价政策，节能目标完成进度滞后地区要进一步加大差别电价和惩罚性电价执行力度。对电解铝企业实行阶梯电价政策，并逐步扩大到其他高耗能行业和产能过剩行业。落实燃煤机组环保电价政策。完善污水处理费政策，研究将污泥处理费用纳入污水处理成本。完善垃圾处理收费方式，提高收缴率❶。

根据这一方案，国家发展改革委出台了脱硫脱硝除尘环保电价、油品质量升级价格政策、阶梯电价水价气价、电解铝行业差别电价等一批价格政策，要求各地结合实际落实到位，这在很大程度上发挥了经济政策在节能减排领域的重要作用。

（2）税费改革，合理调配能源资源利用，整顿行业秩序。

2013 年全国煤炭产量完成 37 亿 t 左右，首次由年均增加 2 亿 t 降至 5000 万 t。2013 年全国整顿关闭煤矿 770 余处，技改提升小煤矿 490 多处，兼并重组小煤矿 610 处，累计淘汰落后产能超过 2 亿 t。煤炭产品综合税费比重约占全行业平均收入的 35.4%，煤炭企业税

---

❶ 国务院办公厅.《2014—2015 年节能减排低碳发展行动方案》［EB/OL］. http：// hzs. ndrc. gov. cn /newzwxx /201405 /t20140528 _ 613213. html。

收负担约占销售收入的 21.63%，另外，行政性收费的负担占销售收入的 15.01%。据悉，较重的企业负担以及繁复的税收体系是煤炭税出台滞后的重要因素之一。

2014 年 10 月，财政部、国家税务总局联合发布了《关于实施煤炭资源税改革的通知》，经国务院批准，自 2014 年 12 月 1 日起在全国范围内实施煤炭资源税从价计征改革，同时清理相关收费基金。煤炭资源税实行从价定率计征。煤炭应税产品（以下简称应税煤炭）包括原煤和以未税原煤加工的洗选煤，煤炭资源税税率幅度为 2%～10%。具体适用税率由省级财税部门在上述幅度内，根据本地区清理收费基金、企业承受能力、煤炭资源条件等因素提出建议，报省级人民政府拟定，现行税费负担较高的地区要适当降低负担水平，同时也规定了减免税率的适用范围。

煤炭资源税的改革为资源集约开发、节约利用和环境保护，推动转变经济发展方式，规范资源税费制度，做出了重大贡献。

（3）大幅上调排污费，有力促进技术进步，推动节能减排工作。

2003 年 7 月 1 日起施行的排污收费标准，废气排污费按排污者排放污染物的种类、数量以污染当量计算征收，每一污染当量征收标准为 0.6 元。对难以监测的烟尘，按林格曼黑度❶征收排污费。每吨燃料的征收标准为 1 级 1 元、2 级 3 元、3 级 5 元、4 级 10 元、5 级 20 元。污水排污费按排污者排放污染物的种类、数量以污染当量计征，每一污染当量征收标准为 0.7 元。

据环境保护部统计，2013 年全国排污费征收开单 216.05 亿元，比上年增加 10.73 亿元，增长 5.2%；征收户数为 43.11 万户，比上

---

❶ 林格曼黑度是用视觉方法对烟气黑度进行评价的一种方法，共分为六级，分别是 0、1、2、3、4、5 级，5 级为污染最严重。

年增加 7.8 万户，增长 22.2％。从数量庞大的排污收费不难看出十年以前制定的排污收费标准已经很难胜任以成本控排污、以成本促革新的目的。

2014 年 9 月 1 日，国家发展改革委、财政部、环保部联合发布《关于调整排污费征收标准等有关问题的通知》，要求到 2015 年 6 月底前，将二氧化硫和氮氧化物排污费征收标准调整至不低于每污染当量 1.2 元；污水中的化学需氧量、氨氮和 5 项主要重金属（铅、汞、铬、镉、类金属砷）污染物排污费征收标准调整至不低于每污染当量 1.4 元。

调整后的收费标准比原标准高了一倍，排污费标准的提高将为国家从"排污费"到"费改税"提供良好的过渡。

2014 年 7 月 1 日起实行的《锅炉大气污染物排放标准》（GB 13271—2014）、《生活垃圾焚烧污染控制标准》（GB 18485—2014）、《锡、锑、汞工业污染物排放标准》（GB 30770—2014）三项国家大气污染物排放（控制）标准可以大幅削减颗粒物（PM）、NO_x、SO_2 污染，促进行业技术进步和环境空气质量改善，有效防控生活垃圾焚烧产生的环境风险。特别是新修订的《锅炉大气污染物排放标准》增加了燃煤锅炉氮氧化物和汞及其化合物的排放限值，规定了大气污染物特别排放限值，取消了按功能区和锅炉容量执行不同排放限值的规定，以及燃煤锅炉烟尘初始排放浓度限值，提高了各项污染物排放控制要求，同时规定环境影响评价文件的要求严于本标准或地方标准时，按照批复的环境影响评价文件执行。执行新标准后，近八成的工业燃煤锅炉都将受到影响，锅炉排放的颗粒物将削减 66 万 t，二氧化硫将削减 314 万 t。

（4）发展绿色金融，减轻企业节能成本，助力节能减排工作。

到 2013 年 6 月底，国内 21 家主要银行机构为生态保护、生态建设和绿色产业融资的绿色信贷余额达 4.9 万亿元人民币。这些贷款项目预计年节约标准煤 3.2 亿 t，节水 10 亿 t，减排 CO_2 7.2 亿 t、SO_2 1013.9 万 t、化学需氧量 464.7 万 t、NO_x 256.5 万 t、氨氮 42.8 万 t。这表明近几年来我国政府通过实施绿色信贷已取得一定成效，对节能减排起到了较好的促进作用。

绿色信贷政策对高能耗高污染和产能过剩的企业和项目进行信贷控制，并增加节能减排贷款，借此可以有效化解过剩产能、加快产业结构调整、推进节能减排。

（5）淘汰落后产能，提高产业集中度、提高整体能源利用效率。

2013 年，全国淘汰落后和过剩产能炼铁 2530 万 t，炼钢 1970 万 t，焦炭 1405 万 t，铁合金 172.5 万 t，电石 113.3 万 t，电解铝 27.3 万 t，铜冶炼 66.5 万 t，铅冶炼 87.9 万 t，锌冶炼 14.3 万 t，水泥（熟料及磨机）1140.0 万 t，平板玻璃 6000 万重量箱❶，造纸 455.0 万 t，酒精 30.3 万 t，味精 28.5 万 t，柠檬酸 7 万 t，制革 690 万标张，印染 236 150 万 m，化纤 31.4 万 t，铅蓄电池极板 1420 万 kVA·h、组装 1067 万 kVA·h。

工业和信息化部下达了 2014 年 16 个工业行业共计 1300 余家用能企业淘汰落后产能目标任务，具体为：炼铁 1990 万 t、炼钢 2700 万 t、焦炭 1200 万 t、铁合金 234.3 万 t、电石 170 万 t、电解铝 42 万 t、铜（含再生铜）冶炼 51.2 万 t、铅（含再生铅）冶炼 11.5 万 t、水泥（熟料及磨机）9300 万 t、平板玻璃 3500 万重量箱、造纸 265 万 t、制革 360 万标张、印染 10.84 亿 m、化纤 3 万 t、铅蓄电池（极板及组装）2360 万 kVA·h、稀土（氧化物）10.24 万 t。

节能技术进步促使产品能耗大幅下降。近年来，我国在节能技术的推广应用上做了大量工作，加快了重点节能技术的推广普及，引导

---

❶ 厚 2mm 的平板玻璃 $\times 10m^2$ 为 1 重量箱。

用能单位采用先进的节能新工艺、新技术和新设备。随着国家宏观层的结构调整,加之受市场竞争的推动,高耗能行业高能效技术、设备和工艺推广迅速,技术水平迅速提升。2000-2013 年,30 万 kW 级及以上火电机组装机容量占火电总装机容量的比重由 42.7% 升至 76.2%,新型干法水泥占水泥总产量的比重由 12% 升至 93%,原煤洗选比重由 24.3% 升至 59.0%,干熄焦普及率由 6% 升至 90%,离子膜法占烧碱产量比重由 24.9% 升至 87.1%。我国主要高耗能行业节能技术进步情况,见表 0-0-1。

表 0-0-1　　我国主要高耗能行业节能技术指标

行业	指标	2000 年	2010 年	2011 年	2012 年	2013 年	节能效果
煤炭	原煤洗选比重(%)	24.3	50.9	52.0	56.0	59.0	可节煤 10% 以上,2013 年减排 SO_2 10.1Mt,CO_2 421Mt
电力	300MW 及以上机组占火电装机容量比重(%)	42.7	72.7	72.9	73.6	76.2	小于 100MW 机组供电煤耗 380~500gce/(kW·h),大于 300MW 机组 290~340gce/(kW·h)
钢铁	高炉喷煤(kg/t 生铁)	118	149	148	150	149	喷 1t 煤代焦,工序能耗减少 90kgec/t
	干熄焦普及率(%)	6	80.0	85.0	90.0	—	处理 100 万 t 红焦可节能 10 万 tce
	高炉炉顶煤气压差发电技术(TRT)普及率(%)	50	100	100	100	100	吨铁发电量可达 30kW·h
电解铝	大型预焙槽占产量比重(%)	52	90	95	95	95	160kA 以上大型预焙槽比自焙槽节电 9%

续表

行业	指标	2000年	2010年	2011年	2012年	2013年	节能效果
化工	离子膜法占烧碱产量比重（%）	24.9	76.0	81.1	85.1	87.1	离子膜法吨碱电耗比隔膜法少123kW·h
建材	新型干法产量占水泥产量比重（%）	12	80	89	92	93	大型新干法生产线热耗比机立窑低40%
	水泥散装率（%）	28	48.1	51.8	54.2	55.9	1亿t水泥散装与袋装相比，可节省纸袋耗用木材330万m³，避免纸袋破损4.5%，节能237万tce
	浮法工艺产量占平板玻璃产量比重（%）	57	85	89	90	90	浮法工艺综合能耗比垂直引上工艺低16%
	新型墙体材料占墙材产量比重（%）	28	55	61	63	63	生产新型墙体材料的能耗比实心黏土砖低40%

　　注　干熄焦普及率是钢铁行业干熄焦处理量占焦炭产量比重；TRT普及率是1000m³以上高炉安装TRT的比例。

数据来源：中国煤炭加工利用协会；中国电力企业联合会；中国钢铁工业协会；中国有色金属工业协会；中国建筑材料工业协会；中国建筑玻璃与工业玻璃协会。

（6）推广可再生能源，提高电气化水平，提升社会用能效率。

　　2013年国家增加对可再生能源的支持力度。8月，国家发展改革委发布《关于调整可再生能源电价附加标准与环保电价的有关事项的通知》，自9月25日起将向除居民生活和农业生产以外的其他用电征收的可再生能源附加电价标准由原0.8分/（kW·h）提高至1.5分/（kW·h）。2011年11月29日，国家曾把可再生能源电价附加标准从0.4分/（kW·h）提高到0.8分/（kW·h）。在可再生能源电价附加调整满足可再生能源基金缺口和需要的同时，国家发展改革委还下发《国家发展改革委关于发挥价格杠杆作用促进光伏产业健康发展的通知》，明确光伏地面电站将实行三类电价补贴标准，分布式光伏发电电价补贴标准为 0.42 元/（kW·h）。上述电价执行期限原则上为 20 年，国家将根据光伏发电规模、发电成本变化等因素，逐步调减上述标准。

2013 年可再生能源开发利用量达 4.207 亿 tce，比 2000 年增长 3.9 倍。2013 年可再生能源发电新增装机容量首次超过化石燃料发电新增装机容量，达 6047 万 kW，占全部新增装机容量的 59.2%。2013 年底，可再生能源发电装机容量合计约 3.88 亿 kW，其中风电装机容量 7652 万 kW，为 2005 年的 75 倍，光伏发电装机容量 1589 万 kW，为 2005 年的 255 倍。

（7）发展节能服务产业，促进节能减排工作落地。

2013 年国家加大对节能相关产业的扶植力度，节能服务产业发展迅速。截至 2013 年底，全国从事节能服务的企业有 4852 家，企业数量比上年增加 16.2%；从业人员达到 50.8 万人，比上年增加 16.8%，解决就业 7.3 万人。节能服务产业总产值从 2011 年的 1250 亿元增加到 2013 年的 2156 亿元；合同能源管理投资从 2011 年的 412 亿元增加到 2013 年的 742 亿元，增长 35.2%；实现节能量达到 2560 万 tce，相应减排 CO_2 6399 万 t。

三、节能节电成效

本报告分析测算了 2013 年我国全社会节能量和节电量，其中节电量是节能量的一部分。从历年节能节电情况来看，节电一定节能，但节能并不代表少用电。随着我国电气化水平的提高，企业生产所需的一部分煤炭、油、气等能源被电能所替代，尽管企业的能耗水平下降，但电耗水平却上升。电气化水平的提高有利于整体能效水平的提升。

2013 年，随着各项节能法律、法规以及政策措施的实施，我国节能工作取得积极进展，主要表现在全国单位 GDP 能耗和电耗双降，各地区单位 GDP 能耗和电耗呈现不同下降趋势；部分高耗能产品单位能耗和电耗明显下降，与国际先进水平的差距进一步缩小。

（一）全国单位 GDP 能耗和电耗双双下降

全国单位 GDP 能耗保持较快下降态势。2013 年，全国单位 GDP 能耗为 0.737tce/万元（按 2010 年价格计算，下同），比上年下降 3.54%，与 2010 年相比累计下降 8.89%。自 2006 年以来，我国单位 GDP 能耗一直呈下降趋势，其中 2010、2011、2012 年分别下降 2.97%、2.01%、3.60%。

全国单位 GDP 电耗同比下降，多年来看呈波动变化态势。2013 年，全国单位 GDP 电耗 1050kW·h/万元，比上年下降 0.06%，与 2010 年相比累计上升 0.60%。"十一五"以来，我国单位 GDP 电耗水平呈波动变化趋势。其中，2006、2007 年比上年分别上升 2.56% 和 1.88%，2008、2009 年分别下降 7.53% 和 2.91%，2010、2011 年分别上升 4.89% 和 2.62%，2012、2013 年又呈现下降趋势。

（二）单位产品能耗和电耗普遍下降，但与国际先进水平相比仍有较大节能潜力

全国工业产品能耗普遍下降。2013 年，平板玻璃、石油和天然气开采、铜冶炼、建筑陶瓷等的综合能耗下降明显，比上年分别下降 6.3%、4.0%、3.3%、2.7%。部分企业产品能耗水平已经达到国际先进水平，例如中国石化武汉分公司年产 80 万 t 的乙烯装置❶，通过改进裂解炉技术，采用低能耗乙烯分离技术，极大地降低了乙烯装置能耗，达到国际同类装置先进水平。

我国高耗能行业节能潜力巨大。尽管 2013 年工业产品能耗普遍

---

❶　http：//www.cthkj.com/shownews.asp? news_id＝359。

下降，但整体来说，与国际先进水平相比仍有较大差距。根据我国 2013 年能耗水平以及国际先进水平测算，我国工业领域八个高耗能行业节能潜力约 3.58 亿 tce，其中电力、钢、建筑陶瓷、合成氨、墙体材料、水泥分别为 18 252 万、4051 万、3589 万、3114 万、1743 万、1691 万 tce。我国高耗能产品能耗及国际比较，见表 0-0-2。

表 0-0-2　　　　　高耗能产品能耗及国际比较

产品能耗	我国		国际先进水平	2013 年我国与国际先进水平的差距	2013 年该产品产量	节能潜力（万 tce）
	2012 年	2013 年				
煤炭开采和洗选						
综合能耗（kgce/t）	31.8	—	—	—	36.8 亿 t	—
电耗（kW·h/t）	23.4	—	17	—	36.8 亿 t	
石油和天然气开采（kgce/toe）	126	121	105	16	3.374 亿 toe	765
火电发电煤耗［（gce/（kW·h）］	305	303	263	40	42 216 亿 kW·h	
火电供电煤耗［gce/（kW·h）］	325	321	275	46	39 679 亿 kW·h	18 252
钢可比能耗（kgce/t）	674	662	610	52	7.79 亿 t	4051
电解铝交流电耗（kW·h/t）	13 844	13 740	12 900	840	2206 万 t	559
铜冶炼综合能耗（kgce/t）	451	436	360	76	649 万 t	49
水泥综合能耗（kgce/t）	127	125	118	7	24.16 亿 t	1691
墙体材料综合能耗（kgce/万块标准砖）	449	449	300	149	11 700 亿块标准砖	1743
建筑陶瓷综合能耗（kgce/m²）	7.3	7.1	3.4	3.7	97 亿 m²	3589
平板玻璃综合能耗（kgce/重量箱）	16.0	15	13	2	7.8 亿重量箱	156
原油加工综合能耗（kgce/t）	93	94	73	21	47 800 万 t	1004

续表

产品能耗	我国		国际先进水平	2013年我国与国际先进水平的差距	2013年该产品产量	节能潜力（万 tce）
	2012 年	2013 年				
乙烯综合能耗（kgce/t）	893	879	629	250	1623 万 t	406
合成氨综合能耗（kgce/t）	1552	1532	990	542	5745 万 t	3114
烧碱综合能耗（kgce/t）	986	972	910	62	2859 万 t	177
电石电耗（kW·h/t）	3360	3423	3000	423	2234 万 t	285
合　　计						35 841

注　1. 国际先进水平是居世界领先水平的几个国家的平均值。

2. 中外历年产品综合能耗中，电耗均按发电煤耗折算标准煤。

3. 煤炭开采和洗选电耗国际先进水平为美国。2011 年，美国露天矿产量比重为 69.0%，我国为 11.0%；露天开采吨煤电耗约为矿井的 1/5。

4. 油气开采综合能耗国际先进水平为壳牌和英国石油公司。

5. 火电厂发电煤耗和供电煤耗我国统计的是 6MW 以上机组，国际先进水平发电煤耗和供电煤耗为意大利。油、气电厂的厂用电率和供电煤耗较低。

6. 我国钢可比能耗统计的是大中型企业，2013 年大中型企业产量占全国的 80.6%，国际先进水平为日本。

7. 水泥综合能耗按熟料热耗加水泥综合电耗计算，电耗按当年发电煤耗折算标准煤。国际先进水平为日本。

8. 墙体材料综合能耗国际先进水平为美国。

9. 中国乙烯生产主要用石脑油作原料。乙烯综合能耗国际先进水平为中东地区，主要用乙烷作原料。

10. 我国合成氨综合能耗是以煤、油、气为原料的大、中、小型企业的平均值。2012 年中国合成氨原料中煤占 76%，天然气占 22%。国际先进水平为美国，天然气占原料的 98%。

11. 2013 年建筑陶瓷、烧碱综合能耗为估计。

数据来源：国家统计局；工业和信息化部；中国煤炭工业协会；中国电力企业联合会；中国钢铁工业协会；中国有色金属工业协会；中国建筑材料工业协会；中国建筑陶瓷工业协会；中国化工节能技术协会；中国造纸协会；中国化纤协会；日本能源经济研究所，日本能源和经济统计手册 2014 年版；日本钢铁协会；韩国钢铁协会；日本水泥协会；日本能源学会志；IEA，Energy Statistics of OECD Countries。

（三）节能节电成效

(1) 节能量。

2013 年与 2012 年相比，我国单位 GDP 能耗下降实现全社会节能量 13 782 万 tce，占能源消费总量的 3.68%，可减少 CO_2 排放 3.2 亿 t，减少 SO_2 排放 80.6 万 t，减少 NO_x 排放 89.0 万 t，减少烟尘排放 47.1 万 t。

工业、建筑、交通运输部门合计技术节能量至少 10 058 万 tce，占全社会节能量的 73.0%，其中：工业部门实现节能量 5348 万 tce，占全社会节能量的 38.8%，仍是节能的主要领域；建筑部门实现节能量 2859 万 tce，占 20.7%；交通运输部门实现节能量 1851 万 tce，占 13.4%。

(2) 节电量。

2013 年与 2012 年相比，我国工业、建筑、交通运输部门合计实现节电量 1542.0 亿 kW·h。其中，工业部门节电量至少 244.6 亿 kW·h，建筑部门节电量 1297.0 亿 kW·h，交通运输部门节电量至少 0.5 亿 kW·h。

节电在节能工作中贡献较大，2013 年通过节电而实现的节能量占社会技术节能量的比重约为 50%。按照 2013 年的供电煤耗 320.97 gce/（kW·h）来测算，节电量可相应减少 CO_2 排放 0.9 亿 t，减少 SO_2 排放 27.6 万 t，减少 NO_x 排放 29.6 万 t，减少烟尘排放 4.8 万 t。

四、节能工作展望

（一）节能减排形势依然严峻

(1) 城镇化推动的重化工业化将持续。

未来我国工业化、城镇化将较快推进，2020 年工业化基本完成，城镇化率将达 60%，预示着重化工业化将持续到 2020 年前后。预计钢产量将从 2013 年的 7.79 亿 t 增至 2020 年的 8.50 亿 t，水泥产量从 24.16 亿 t 增至 28.0 亿 t，2023 年达峰值 32.5 亿 t，重工业单位产值能耗为轻工业的 4 倍，因此节能工作任重道远。

（2）以煤为主的能源结构难以改变。

煤占一次能源消费量比重预计从 2013 年的 66.0% 降至 2020 年的 62.0%，下降 4 个百分点。2005－2012 年，煤炭消费量增加 9.43 亿 tce，远超可再生能源增量 2.01 亿 tce。单位热值煤炭燃烧排放的 CO_2 比石油多 27%，比天然气多 64%。

（3）生态环境恶化倒逼经济发展方式转变。

大气、水、土地污染严重，PM2.5 已成为中国的一个严重环境灾害。2013 年 1 月北京雾霾天气肆虐 26 天，1 月 12 日 PM2.5 浓度高达 $786\mu g/m^3$，比世界卫生组织确定的日均浓度安全水平高 30 倍。专家认为，中国要到 2030 年环境才能停止恶化，北京 PM2.5 浓度要到 2030 年才能达标。

（二）深化改革为推进节能减排提供了机遇

（1）政绩考核摒弃 GDP 挂帅利于节能减排工作实事求是。

2013 年，已有 70 多个县市不再把 GDP 作为政绩考核的指标，PM2.5 列入大气污染考核指标。从 2015 年开始，碳排放纳入地方政绩考核，建立 CO_2 排放强度下降目标责任评价考核制度。目标责任评价考核机制是推动节能减排工作的强有力手段。中央政府应强化对地方政府的考核，将考核结果及时向社会公告，并落实奖惩措施。

（2）产业结构调整利于节能减排。

中国产业结构正在发生重大变化。2013 年，第三产业产值占 GDP 比重达 46.1%，首次超过第二产业（43.9%，其中工业 37.0%，建筑业 6.9%）。2014 年第一季度，第三产业占比达 49.0%。据国家信息中心预测，2020 年第三产业占比将升至 55%，第二产业降至 40％，其中战略新兴产业占 15％。

（3）技术进步拓展节能减排潜力。

据国际数据公司预测，如果中国进一步推广应用信息通信技术，2020 年可节能 5.5 亿 tce，少排 CO_2 14 亿 t，仅此一项，就能实现 2020 年碳排放强度比 2005 年下降 40％的目标。推广煤炭清洁高效利用的洁净煤技术，也有很大的节能减排潜力。

（4）依法治国助推节能减排相关法规的有效落实。

2013 年以来，一系列新的节能减排法律法规相继出台《大气污染防治行动计划》《煤电节能减排升级与行动计划》《国家应对气候变化规划（2014－2020)》及《环境保护法》修订版。依法治国将助推节能减排法规的落实。

节 能 篇

能 源 消 费

本 章 要 点

(1) 我国能源消费增速同比放缓。 2013 年，全国一次能源消费量 37.5 亿 tce，比上年增长 3.67%，增速比上年回落 0.2 个百分点，占全球能源消费的比重为 20.6%。

(2) 一次能源消费结构中煤炭比重下降，能源结构优化取得新进展。 2013 年，我国煤炭消费量占一次能源消费量的 66%，比上年下降 0.6 个百分点；占全球煤炭消费总量的 50.2%，与上年相当。非化石能源消费量占一次能源消费量的比重达 9.8%，同比提高 0.4 个百分点。

(3) 工业用能在终端能源消费中持续占据主导地位。 2012 年，我国终端能源消费量为 23.49 亿 tce，其中，工业终端能源消费量为 14.43 亿 tce，占我国终端能源消费量的比重为 61.4%，建筑占 18.6%，交通运输占 16.5%。

(4) 优质能源在终端能源消费中的比重逐步上升，但比重仍偏低。 煤炭占终端能源消费比重持续下降，电、气等优质能源的比重逐步增加。2012 年我国电力占终端能源消费的比重为 22.5%（2013 年估算为 22.8%），与日本、法国等国家相比，仍低 1~3 个百分点。

(5) 人均能源消费量提高。 2013 年，我国人均能耗为 2756kgce，比上年增加 95kgce，比世界平均水平高 208kgce，但与主要发达国家相比仍有明显差距。

1.1 能源消费

2013 年，全国一次能源消费量 37.5 亿 tce，比上年增长 3.67%，增速比上年回落 0.2 个百分点，能源消费增速同比放缓，占全球能源消费的比重达 20.6%❶。其中，煤炭消费量 24.8 亿 tce，同比增长 2.7%；石油消费量 6.9 亿 tce，增长 1.5%；天然气消费量 2.2 亿 tce，增长 15.6%。我国一次能源消费总量与构成，见表 1-1-1。

表 1-1-1 　　　　我国一次能源消费总量与构成

年份	能源消费总量（万 tce）	构成（能源消费总量为 100）			
		煤炭	石油	天然气	水电、核电、风电
1980	60 275	72.2	20.7	3.1	4.0
1990	98 703	76.2	16.6	2.1	5.1
2000	145 531	69.2	22.2	2.2	6.4
2001	150 406	68.3	21.8	2.4	7.5
2002	159 431	68.0	22.3	2.4	7.3
2003	183 792	69.8	21.2	2.5	6.5
2004	213 456	69.5	21.3	2.5	6.7
2005	235 997	70.8	19.8	2.6	6.8
2006	258 676	71.1	19.3	2.9	6.7
2007	280 508	71.1	18.8	3.3	6.8
2008	291 448	70.3	18.3	3.7	7.7
2009	306 647	70.4	17.9	3.9	7.8
2010	324 939	68.0	19.0	4.4	8.6
2011	348 002	68.4	18.6	5.0	8.0

❶　http://www.china5e.com/news/news-875485-1.html，引用 BP 数据。

续表

年份	能源消费总量（万 tce）	构成（能源消费总量为100）			
		煤炭	石油	天然气	水电、核电、风电
2012	361 732	66.6	18.8	5.2	9.4
2013	375 000	66.0	18.4	5.8	9.8

数据来源：国家统计局《2013 中国能源统计年鉴》《中国统计年鉴 2014》。

能源消费结构中煤炭比重下降。2013 年，我国煤炭占一次能源消费的比重为 66%，同比下降 0.6 个百分点；占全球煤炭消费的比重为 50.2%[1]，与上年相当。我国是世界上少数几个能源供应以煤为主的国家之一，美国煤炭占一次能源消费的比重为 20.1%，德国为 25.0%，日本为 27.1%，世界平均为 30.1%。2013 年，我国原油消费量比重同比下降 0.4 个百分点；天然气比重上升 0.6 个百分点。非化石能源占一次能源消费的比重达 9.8%，比上年上升 0.4 个百分点。

1.2 工业占终端用能比重

工业在终端能源消费中占据主导地位。2012 年，我国终端能源消费量为 23.49 亿 tce，其中，工业终端能源消费量为 14.43 亿 tce，占终端能源消费总量的比重为 61.4%；建筑占 18.6%；交通运输占 16.5%；农业占 3.4%。我国分部门终端能源消费情况，见表 1-1-2。

表 1-1-2　　　　我国分部门终端能源消费结构

部门	2000 年		2005 年		2010 年		2011 年		2012 年	
	消费量（Mtce）	比重（%）	消费量（Mtce）	比重（%）	消费量（Mtce）	比重（%）	消费量（Mtce）	比重（%）	消费量（Mtce）	比重（%）
农业	40.2	4.6	57.5	4.0	70.9	3.4	76.4	3.4	80.2	3.4

[1]　BP 统计数据。

续表

部门	2000 年		2005 年		2010 年		2011 年		2012 年	
	消费量(Mtce)	比重(%)	消费量(Mtce)	比重(%)	消费量(Mtce)	比重(%)	消费量(Mtce)	比重(%)	消费量(Mtce)	比重(%)
工业	525.8	60.3	905.7	62.7	1376.2	65.1	1388.9	62.6	1443.7	61.4
交通运输	134.8	15.5	198.7	13.7	301.2	14.2	349.6	15.8	388.8	16.5
建筑	170.9	19.6	283.3	19.6	366.7	17.3	404.0	18.2	437.0	18.6
总计	871.7	100	1445.2	100	2115.0	100	2218.9	100	2349.7	100

注 1. 数据来自《中国能源统计年鉴2013》。终端能源消费量等于一次能源消费量扣除加工、转换、储运损失和能源工业消耗的能源，电力按发电煤耗折算成煤当量。

2. 我国统计的交通运输用油，只统计交通运输部门运营的交通工具的用油量，未统计其他部门和私人车辆的用油量。统计的用油量为行业统计和估算值。

3. 民用、商业和其他部门能耗即建筑能源消费量，其中煤炭消费量（用于采暖、炊事和热水）的统计数据作了修正。

1.3　优质能源比重

优质能源在终端能源消费中的比重逐步上升，但比重仍偏低。煤炭占终端能源消费比重持续下降，电、气等优质能源的比重逐步增加。2012年电力占终端能源消费的比重为22.5%（2013年估算为22.8%）❶，比日本、法国等国家低1～3个百分点。煤炭比重偏高的终端能源消费结构是造成我国环境污染严重的重要原因。

1.4　人均能源消费量

人均能耗能源消费量进一步提高。2013年，我国人均能耗为

---

❶　数据来源：《电力工业统计资料汇编2013》。

2756kgce，比上年增加 95kgce，比世界平均水平（2548kgce❶）高 208kgce，但与主要发达国家相比仍有明显差距，2013 年美国、欧盟、日本人均分别为 10 105、4694、5311kgce。2005 年以来我国人均能耗情况见图 1-1-1。

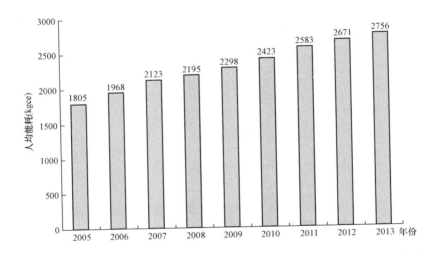

图 1-1-1　2005 年以来我国人均能耗情况

随着人均收入的增加，人均能耗水平仍将逐步提高，未来我国能源消费需求将保持较快增长。

---

❶　本小节国外数据来源于 BP。

2

工 业 节 能

本 章 要 点

(1) **制造业主要产品单位能耗普遍下降。** 2013 年，在国家节能减排工作的大力推进下，制造业产品能耗普遍下降。其中，纯碱综合能耗为 337kgce/t，比上年下降 39kgce/t，下降率达 10.4%；平板玻璃综合能耗为 15kgce/重量箱，比上年下降 1kgce/重量箱，下降率为 6.3%；建筑陶瓷综合能耗为 7.1kgce/m^2，比上年下降 0.2kgce/m^2，下降率为 2.7%。

(2) **电力工业实现节能量较大。** 电力工业采取的主要节能措施有：优化调度提高大机组的利用小时数，优化电力结构，增加大容量、高参数、环保型机组投资，拓展发电权交易，节能服务公司创新，超额完成需求侧管理目标等。2013 年，全国 6000kW 及以上火电机组供电煤耗为 321gce/(kW·h)，比上年下降 4gce/(kW·h)；全国线路损失率为 6.68%，比上年降低 0.06 个百分点。与 2012 年相比，2013 年电力工业实现节能量 1791 万 tce，其中由于火电厂供电效率的提高，发电环节实现节能 1685.4 万 tce。

(3) **工业部门实现节能量至少 5348 万 tce。** 与 2012 年相比，2013 年制造业 6 个主要行业的 15 种产品由于单位能耗下降实现节能量约 2490 万 tce，制造业总节能量为 3557 万 tce。综合考虑制造业和电力工业节能量，2013 年工业部门实现节能量至少 5348 万 tce。

2.1　综述

工业部门一直在我国能源消费中占主导位置，能源消费量占全社会能源消费总量的 70% 左右。2012 年，我国终端能源消费量为 23.49 亿 tce（电力按发电煤耗法折算成煤当量），其中，工业终端能源消费量为 14.43 亿 tce，占终端能源消费总量的比重为 61.4%。其中，黑色金属冶炼和压延加工业、有色金属冶炼和压延加工业、非金属矿物制品业、石油加工、炼焦和核燃料加工业、化学原料和化学制品制造业等制造业与电力、煤气及水生产和供应业的终端能源消费量占工业总能耗的比重分别为 27%、6%、13%、6%、15%、6%，总计约为 73%，本书将针对这些重点行业逐一深入分析。

2013 年，工业节能工作取得新进展。例如，纯碱综合能耗为 337kgce/t，比上年下降 39kgce/t，下降率达 10.4%；平板玻璃综合能耗为 15kgce/重量箱，比上年下降 1kgce/重量箱，下降率为 6.3%；石油和天然气开采能耗为 121kgce/toe，比上年下降 5kgce/toe，下降率达 4.0%；铜冶炼综合能耗为 436kgce/t，比上年下降 15kgce/t，下降率达 3.3%；建筑陶瓷综合能耗为 7.1kgce/m²，比上年下降 0.2kgce/m²，下降率为 2.7%。

节能措施特点："十二五"时期是我国节能减排的关键时期，工业部门采取一系列政策措施，推动节能减排工作取得积极进展。工业部门节能减排采用技术进步、经济手段、流程优化、机制设计等多措并举：一是大力推动技术进步，促进生产工艺革新、技术更新、效率提升；二是积极实施清洁生产和污染治理，推动清洁发展；三是着力推进工业循环经济发展和资源综合利用，实现循环发展，包括加强二次能源回收利用，大力发展再生金属产业，回收利用余热余压；四是淘汰落后产能，严格控制"两高"和产能过剩行业新上项目；五是加快节能信息化建设；六是提高产业集中度。

2.2 钢铁工业节能

（一）行业概述

(1) 行业运行。

2013 年，全国粗钢产量 7.79 亿 t，比上年增长 7.6%，增幅较上年同期提高 2 个百分点。粗钢产量占世界粗钢产量的比重达到 48.5%，同比提高 1.8 个百分点。2000 年以来我国粗钢产量及增长情况见图 1-2-1。

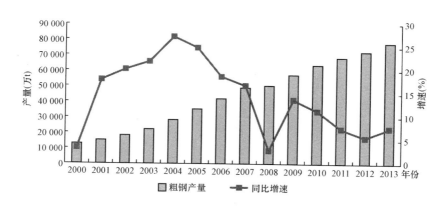

图 1-2-1 2000 年以来我国粗钢产量及增长情况

2013 年，重点大中型钢铁企业粗钢产量 6.28 亿 t，同比增长 8.0%；中小钢铁企业粗钢 1.51 亿 t，同比增长 5.5%；中小钢铁企业粗钢产量增幅比重点大中型企业低 2.5 个百分点。粗钢产量前十名的钢铁企业集团产量占全国总量的比重为 39.4%，同比下降 6.5 个百分点；前 30 家占 55.1%，下降 5.9 个百分点；前 50 家占 65.3%，下降 4.6 个百分点；产业集中度持续下降。

分品种看，重轨产量同比增长 33.4%；长材（型钢、棒材、钢筋和线材）增长 12.5%；中、厚及特厚板增长 3.0%；冷热轧板带增长 10.4%；涂镀板增长 11.4%；电工钢增长 28.4%；管材增长 7.7%。

目前，我国 1000m³ 及以上高炉已占炼铁总产能的 60% 左右，100t 及以上转炉（电炉）占炼钢总产能的 54% 左右；已建成热轧宽带钢轧机 77 套、中厚板轧机 84 套、冷连轧轧机 40 多套。

从各行业钢材消费量占比看，建筑行业钢材消费量占钢材实际消费量的比重为 55.5%，同比下降 0.3 个百分点；机械行业占 19.4%，提高 0.3 个百分点；汽车行业占 6.8%，提高 0.4 个百分点；能源行业占 4.5%，下降 0.1 个百分点；造船行业占 1.8%，下降 0.6 个百分点❶。

（2）能源消费。

2013 年，钢铁工业能源消费总量约 7.19 亿 tce❷，其中全国重点统计钢铁企业总能耗为 28 598 万 tce，比 2012 年增长 4.14%。

分能源品种来看，2012 年我国钢铁工业终端用能中，84.8% 为煤炭，12.1% 为电力。

分钢铁生产工序来看，烧结工序能耗约占重点钢铁行业总能耗的 8%，炼铁工序占 67%，轧钢工序占 10%，炼钢工序仅占 2% 左右。炼铁工序是钢铁企业节能减排的重点领域。

（二）主要节能措施

（1）淘汰落后产能。

2013 年，我国粗钢产能在 10.4 亿 t 左右，产能过剩严重。工业和信息化部于 2013 年 4 月公布了当年淘汰落后钢铁产能任务：炼铁产能 263 万 t，炼钢产能 781 万 t。与 2012 年淘汰炼铁 1000 万 t、

---

❶　工业和信息化部：2013 年钢铁工业经济运行情况。

❷　能源消费总量中电力为电热当量。

淘汰炼钢 780 万 t 的任务量相比，2013 年下达的淘汰任务量明显减少。

2013 年 9 月 12 日，国务院正式发布《大气污染防治行动计划》，提出要加快淘汰落后产能，提前一年完成钢铁、水泥、电解铝、平板玻璃等 21 个重点行业的"十二五"落后产能淘汰任务，并且在 2015 年再淘汰炼铁 1500 万 t、炼钢 1500 万 t。

2013 年 10 月 15 日国务院出台《化解产能过剩政策的指导意见》，指出要重点推动山东、河北、辽宁、江苏、山西、江西等地区钢铁产业结构调整，充分发挥地方政府的积极性，整合分散钢铁产能，推动城市钢厂搬迁，优化产业布局，压缩钢铁产能总量 8000 万 t 以上。

根据有关统计，截止到 2014 年 1 月 20 日，部分省市已经公布的落后产能淘汰情况是炼铁 964.6 万 t，超出计划 266.8%；落后炼钢产能 1179.5 万 t，超出计划 51%。钢铁行业已经超额完成 2013 年淘汰落后产能任务，主要集中在河北、江苏、山东和山西省。

（2）加强二次能源回收利用。

钢铁工业生产过程中，所用的能量约有 70% 是要转换为各种形式的二次能源，主要指副产煤气以及余热余能。

干熄焦是二次能源回收量最大的项目，可回收炼焦能耗的 38%；回收红焦显热的 80%，吨焦回收 3.9MPa/450℃。目前我国投产和在建的干熄焦 155 套，处理焦炭能力为 1.64 亿 t/年，占我国焦炭产能的 35.2%。重点钢铁企业焦化厂的干熄焦率达 80%。

煤调湿技术（CMC）是保持装炉煤水分稳定的一项煤的预处理技术，可使炼焦耗热降低 62.0MJ/t，焦炉生产能力提高 10%，焦炭质量改善 2%～5%，减少蒸氨用蒸汽 30%，减少 CO_2 外排量 36%。

TRT 可回收高炉鼓风机用能的 25%～30%，降低炼铁工序能耗 11～18kgce/t。目前，全国高炉有 TRT 近 700 套，煤气干法除尘的有 597 套，大于 1000m³ 高炉 TRT 普及率在 90% 以上，平均发电在 25～28kW·h/t，而日本可实现发电 41kW·h/t。

烧结余热回收技术：目前我国生产和在建的烧结废气余热回收装置有 160 多套，占烧结机总数（重点企业）的 15%。

2013 年，全国重点钢铁企业高炉煤气放散率为 3.29%，比上年下降 0.65%；转炉煤气回收量为 102m³/t，比上年同期提高 5.05m³/t。焦炉煤气放散率为 1.24%，比上年同期下降 0.24%❶。

（3）推进炼铁用能结构优化。

炼铁系统能耗占钢铁企业总能耗的 70%，占成本的 80% 以上，是钢铁企业节能减排的重点。

降低燃料比。高炉炼铁用能有 78% 是来自碳素燃烧（就是燃料比），降低炼铁燃料比的主要体现是要降低焦比：使用 1t 喷吹煤粉代替焦炭，可降低炼铁系统能耗约 80kgce/t。2013 年全国重点钢铁企业高炉燃料比为 547.36kg/t，比上年下降 0.43kg/t；入炉焦比为 362.63kg/t，比上年下降 1.68kg/t。

提高球团矿配比。少用烧结就可实现炼铁系统节能，同时球团含铁品位高于烧结约 5%，又可以实现提高入炉矿品位的节能效果。2013 年重点钢铁企业球团工序能耗为 28.26kgce/t，比上年减少 0.58kgce/t，烧结工序能耗为 49.14kgce/t，比上年减少 1.28kgce/t。

提高热风温度。高风温是廉价的能源，是炼铁的重大节能技术措施。风温提高 100℃，可降低燃料比 15kg/t。2013 年有 50 个企业热

---

❶ 王维兴，2013 年重点钢铁企业高炉炼铁技术进展回顾，钢铁企业网。

风温度得到提高。

2013 年，重点钢铁企业炼铁工序能耗为 389.09kgce/t，较上年下降 4.39kgce/t。

(4) 加快节能信息化建设。

通过新建或改造能源管理中心，推广使用钢铁企业数字化测量仪器仪表，积极应用电子信息技术，对能源输配和消耗情况实施动态监测、控制和优化管理，不断加强能源的平衡、调度、分析和预测，实现系统性节能降耗。

建立能源中心（EMS）的目的，一是确保生产用能的稳定供应；二是充分利用低价能源代替高价能源；三是集中管理与自动化操作，提高劳动生产率。2013 年已有近 50 家钢铁企业建立了能源中心，实现了能源远程监控、集中调配。此外，基于互联网和工业以太网的 ERP（企业资源计划）、CRM（客户关系管理）和 SCM（供应链管理）等也取得成功应用。

（三）节能成效

2013 年，全国钢铁行业吨钢综合能耗约为 923kgce/t，比上年下降 17kgce/t，降幅 1.8%；大中型重点钢铁企业吨钢综合能耗为 682kgce/t，比 2012 年减少 12kgce/t，同比减少 1.9%。

分工序来看，重点统计钢铁企业烧结、球团、焦化、炼铁、转炉炼钢、电炉炼钢、钢加工等工序能耗均比上年同期降低。各工序能耗指标降幅度分别为 2.5%、2.0%、4.4%、1.1%、164%、9.1% 和 2.0%。

根据 2013 年钢铁产量测算，由于吨钢综合能耗的下降，钢铁行业 2013 年较 2012 年实现节能约 1324 万 tce。2012—2013 年钢铁行业主要产品产量及能耗指标见表 1-2-1。

表 1 - 2 - 1　　2010—2013 年钢铁行业主要产品产量及能耗指标

项目	2011 年	2011 年	2012 年	2013 年
产量（Mt）	637.2	689.3	723.9	779.0
能源消费量（Mtce）	605	649	674	719
用电量（亿 kW·h）	4708	5312	5134	5494
吨钢综合能耗（kgce/t）	950	942	940	923

数据来源：国家统计局《2014 中国统计年鉴》；国家发展改革委；钢铁工业协会；中国电力企业联合会。

2.3　有色金属工业节能

有色金属通常是指除铁和铁基合金以外的所有金属，主要品种包括铝、铜、铅、锌、镍、锡、锑、镁、汞、钛等十种。其中，铜、铝、铅、锌产量占全国有色金属产量的 90% 以上，被广泛用于机械、建筑、电子、汽车、冶金、包装、国防等领域。

（一）行业概述

（1）行业运行。

2013 年，我国有色金属行业产品产量继续增长，增速有所加快。全年十种有色金属产量 4055 万 t，比上年增长 9.7%，增幅提高 2.1 个百分点。其中，精炼铜、原铝、铅、锌产量分别为 649 万、2206 万、447 万、530 万 t，分别增长 12.7%、9.2%、5%、11.1%，其中原铝增幅回落 5.2 个百分点❶。2000—2013 年有色金属主要产品产量变化见图 1 - 2 - 2。

2013 年，受国内外市场需求不振以及市场供过于求的影响，有色金属价格低位振荡。从全年看，国内铜、铝、铅、锌现货年均价分

---

❶ 有色金属、精炼铜、原铝数据来源于《2014 中国统计年鉴》；铅、锌产量数据来源于工业和信息化部。

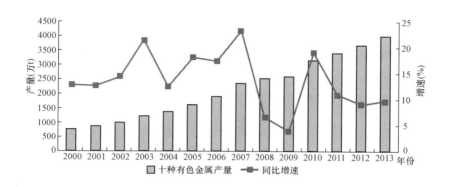

图 1-2-2 2000—2013 年有色金属主要产品产量变化

别为 53 380、14 556、14 249、15 178 元/t，分别下降了 6.9%、7.1%、7.4%和 0.5%；国际市场伦敦金属交易所（LME）三月期铜、期铝、期锌平均价分别为 7352、1888、1940 美元/t，分别下降 7.5%、7.9%和 1.3%。期铅平均价为 2158 美元/t，增长了 4%。9276 家规模以上有色金属工业企业（含黄金、稀土，下同）实现主营业务收入 52 695 亿元，增长 11.8%，实现利润 2073 亿元，下降 5.9%，降幅减少 1.2 个百分点。压延加工已成为行业利润最大和增长最快的领域。

据中国有色金属工业协会统计，2013 年我国有色金属工业（不含独立黄金企业）完成固定资产投资 6609 亿元，增长 19.8%，增幅比上年回升了 4.2 个百分点。其中，采选、冶炼、加工分别完成固定资产投资 1241 亿、2064 亿、3303 亿元，分别增长 14.4%、-1.0%、40.8%。加工投资大幅度上升，矿山投资增幅平稳，冶炼投资热得到缓解，表明有色金属工业固定资产投资朝着转变发展方式和优化产业结构目标过渡。

随着行业发展由大到强转变，行业技术装备水平显著提升，骨干有色金属企业技术创新取得突破，自主开发的冶炼关键技术处于世界领先水平，关键产品与新材料研制成功并得以应用。

（2）能源消费。

有色金属是我国主要耗能行业之一，是推进节能降耗的重点行业。我国有色金属工业能源消费主要集中在矿山、冶炼和加工三大生产环节，能源消费量仍在较高基数下保持增长。根据《2013 年中国能源统计年鉴》数据，2012 年我国有色金属工业能源消费为 14 829 万 tce，占全国能源消费总量的 4.1%，比 2011 年上升 0.1 个百分点；占工业行业耗能量比重为 5.9%，比 2011 年提高 0.2 个百分点。

有色金属行业的能源消费结构以电力为主。按电热当量法计算，2012 年电能占终端能源消费总量的比重为 63.21%，比 2011 年提高了 2.0 个百分点。

从用能环节上看，有色金属行业的能源消费集中在冶炼环节，约占行业能源消费总量的 80%。其中，铝工业（电解铝、氧化铝、铝加工）占有色金属工业能源消费量的 80% 左右。

（二）主要节能措施

（1）淘汰落后产能。

我国有色金属行业近年来在淘汰落后生产能力方面取得了明显成效，工艺落后、能耗高的自焙槽已经淘汰，但能源消费高、环境污染大的落后产能仍占较大比例。为化解产能过剩，2013 年 1 月 22 日，工业和信息化部、国家发展改革委等 12 个部委联合发布《关于加快推进重点行业企业兼并重组的指导意见》，将以电解铝等 9 大行业为重点，推进企业兼并重组。2013 年 3 月印发的《关于有色金属工业节能减排的指导意见》中明确指出，严格执行铜冶炼、铝冶炼、铅锌冶炼、镁冶炼、再生铅等行业准入条件和相关有色金属产品能耗限额标准。2013 年 7 月，工业和信息化部公布了 2013 年首批工业行业淘汰落后产能企业名单，名单总共包括电解铝、铜（含再生铜）冶炼、铅（含再生铅）冶炼、锌（含再生锌）冶炼等 19 个工业行业。2013

年 10 月,《国务院关于化解产能严重过剩矛盾的指导意见》明确指出,电解铝行业 2015 年底前淘汰 16 万 A 以下预焙槽,对吨铝液电解交流电耗大于 13 700kW·h 及 2015 年底后达不到规范条件的产能,用电价格在标准价格基础上再上浮 10%。严禁各地自行出台优惠电价措施,采取综合措施推动缺乏电价优势的产能逐步退出,有序向具有能源竞争优势特别是水电丰富地区转移。支持电解铝企业与电力企业签订直购电长期合同,推广交通车辆轻量化用铝材产品的开发和应用。鼓励国内企业在境外能源丰富地区建设电解铝生产基地。统计数据显示,2011 年全国淘汰电解铝落后产能 67 万 t,2012 年淘汰 27 万 t,2013 年淘汰 27 万 t,2014 年淘汰任务为 42 万 t。

工业和信息化部发布《铝行业规范条件》及解读

为落实《铝工业"十二五"发展专项规划》,适应近年来铝行业技术进步和产业快速发展的实际情况,进一步加强和规范行业管理,应有关部门、地方政府、金融、行业协会、设计研究单位和广大生产企业提高行业准入标准、开展行业规范管理的呼声和诉求,工业和信息化部在广泛听取行业协会、地方工业主管部门、重点企业、设计研究单位和专家意见的基础上,会同国家发展改革委、国土资源部、环境保护部、安全监督总局等部门,对《铝行业准入条件(2007 年)》(以下简称《准入条件》)进行了修订,并将名称修改为《铝行业规范条件》。

《铝行业规范条件》对企业的布局、规模、外部条件、质量、工艺、装备、能源消耗等方面做出了明确规定。在能源消耗方面,按照 1kW·h 电力折 0.1229kgce 的折标系数,明确要求铝土矿、氧化铝、电解铝、再生铝的能耗要求。铝土矿地下开采原矿综合能耗要低于 25kgce/t，露天开采原矿综合能耗要低于 13kgce/t。新建拜耳法氧化铝生产系统综合能耗必须低于 480kgce/t，新建利用高铝粉煤灰生产氧化铝系统综合能耗必须低于 1900kgce/t（含副产品），其他工艺氧化铝生产系统综合能耗必须低于 750kgce/t。现有拜耳法氧化铝生产系统综合能耗必须低于 500kgce/t，其他工艺氧化铝生产系统综合能耗必须低于 800kgce/t。新建和改造的电解铝铝液电解交流电耗必须低于 12 750kW•h/t，铝锭综合交流电耗必须低于 13 200kW•h/t，电流效率原则上不应低于 93%。现有电解铝企业铝液电解交流电耗必须低于 13 350kW•h/t，铝锭综合交流电耗必须低于 13 800kW•h/t，电流效率原则上不应低于 92%。不符合交流电耗规范条件的现有企业要通过技术改造节能降耗，在"十二五"末达到新建和改造企业能耗水平。再生铝生产系统必须有节能措施，新建及改造再生铝项目综合能耗应低于 130kgce/t，现有再生铝企业综合能耗应低于 150kgce/t。

资料来源：工业和信息化部。

（2）研发和应用新技术。

2013 年，有色金属行业产业关键技术和新材料开发取得新成果，国内自主开发的三连炉直接炼铅技术、精密铜管短流程高效生产工艺技术研发成功，铝合金中厚板项目相继投产。随着新技术的广泛推广，有色金属行业节能取得显著成效。初步统计，2013 年，我国铝锭综合交流电耗下降到 13 740kW•h/t，下降了 104kW•h/t，全年节电约 23 亿 kW•h；铜冶炼综合能耗下降到 314.4kgce/t。

南南铝年产 20 万 t 铝加工项目热轧中厚板制造中心正式投产

8 月 28 日，广西南南铝加工有限公司年产 20 万 t 大规格高性能铝合金板带型材项目二期工程——热轧中厚板制造中心正式投产。该项目建成后，广西南南铝加工有限公司的技术装备水平将进入世界同行业前五位，成为国内第三家具有硬铝合金生产能力的企业，项目达产后预计年销售收入 80 亿元，年税利 15.6 亿元。

年产 20 万 t 大规格高性能铝合金板带型材项目于 2009 年 11 月正式启动，总投资 52.8 亿元。项目引进美国、德国、日本、意大利、奥地利等国家最先进的生产设备和工艺技术，自主建设高综合性能铝合金中厚板生产线、硬铝合金汽车薄板生产线、大规格轨道交通型材生产线，配套的高纯高合金化铝合金大铸锭生产线，同步建立广西航空航天铝合金材料与加工研究院，构建目前国内最完整的大规格高性能硬铝合金材料的研发生产体系，形成大规格交通型材 3 万 t、高性能中厚板材 7 万 t、深加工铝材 11 万 t、加工配送产品 3 万 t 生产能力。

资料来源：http://www.nanning.gov.cn/n722103/n722120/n722360/n3098705/16039689.html。

2013 年，有色金属行业 6 项科技成果荣获 2013 年度国家科学技术奖，其中科技进步二等奖 4 项，技术发明二等奖 2 项。阳谷祥光铜业有限公司、中国瑞林工程技术有限公司和中南大学等单位共同完成的"超强化旋浮铜冶炼和无氧化还原精炼工艺研发及产业化应用"，中国铝业股份有限公司完成的"一水硬铝石矿高效强化拜耳法生产技术的开发与产业化应用"，北京有色金属研究总院、东北轻合金有限责任公司、中南大学和东北大学等单位完成的"7000 系铝合金强韧化热处理技术创新与工业应用",中国矿业大学和湖南柿竹园有色金属有限责任公司等单位完成的"多流态梯级强化浮选技术开发及应用"等四个项目获国家科技进步二等奖。中南大学完成的"硫化矿新型高效捕收剂的合成技术与浮选应用",西安交通大学和金堆城钼业股份有限公司共同完成的"高性能钼合金材料制备关键技术及其应用"等两个项目获国家技术发明二等奖。

(3) 大力发展再生金属产业。

有色金属材料生产工艺流程长,从采矿、选矿、冶炼到加工都需要消耗能源。与原生金属相比,再生有色金属的节能效果最为显著,再生铜、铝、铅、锌的综合能耗分别只是原生金属的 18%、45%、27% 和 38%。与生产等量的原生金属相比,每吨再生铜、铝、铅、锌分别节能 1054、3443、659、950kgce。发展再生有色金属对大幅降低有色金属工业能耗具有重要意义。2010 年,国家将包括再生有色金属产业在内的资源再生利用产业列入战略性新兴产业,出台了多项支持性和规范性政策。2012 年,我国再生有色金属产业经过近十年来的持续发展,主要再生有色金属产量突破 1000 万 t,已接近我国原生有色金属产量的三分之一,工业产值超过 4000 亿元,产业规模位居世界第一。目前我国已经成为全球最大的铜铝废料进口国,贸易比例占全球有色金属废料的一半以上,跨国配置资源的国家或地区达到 80多个。2013 年,我国可再生有色金属产量达 1073 万 t,其中再生铜、铝、铅、锌产量分别为 275 万、520 万、150 万、128 万 t,分别占总产量的 40.2%、23.6%、33.6% 和 24.2%。再生铜、铝、铅综合能耗分别为原生金属的 18%、45% 和 27%。2012 年再生有色金属产业节电648 亿 kW·h。预计到 2020 年,我国再生有色金属产业将不断发展壮大,产品总量将超过 2000 万 t,工业产值将接近 1 万亿元。

（4）回收利用余热余压。

有色金属冶炼工艺中存在大量 300～500℃ 的余热资源。随着低品位余热回收利用技术的逐步成熟以及电价上涨，企业广泛采用余热锅炉回收烟气余热，取得了良好节能效果。通过二次能源回收，不仅可以实现能源的梯级和高效利用，而且可以收集高温烟气中的烟尘，回收贵金属，降低烟气含尘量。

南丹倾力打造有色金属循环经济示范县

南丹县矿产资源丰富，除了储量居全国首位的锡矿，还有锑、锌、金、银、铜、铁、铟、钨等 20 多种有色金属，总储量 1100 万 t，被誉为"有色金属之乡""中国的锡都"。2001 年以前，南丹县经济结构相对单一，矿业一枝独秀，而大量卖初级矿产品发展的模式，只带来了短暂的繁荣，却导致了资源的枯竭。

为使经济循环持续发展，该县投入超过 10 亿元兴建了"南丹县工业园区"，工业园区从招商引资到整体规划，每一个环节都按照"循环经济"的科学理念进行开发建设，园区内各大企业的生产装置及产品前后连接，上游企业的产品甚至废料就是下游企业的原料和能源，整体打造"减量化、再利用、再循环"的"静脉产业链"，把原来传统经济的单向产业链条"资源—产品—废物"转变为"资源—产品—再生资源"的循环产业链条。

2013 年，南丹有色金属工业园区的循环经济发展基本形成精矿→沸腾焙烧→浸出→电解→机械加工，浸出渣→有色、稀有金属回收→应用材料，烟气→制酸，冶炼焙烧→余热回收→蒸汽发电→湿法炼锌→能量梯级利用，各种弃渣→有色金属物料、焦炭粉回收→建筑材料，工业废水→废水处理等六个循环经济产

（三）节能成效

随着铝电解节能技术广泛推广，我国电解铝单位产品电耗已经
达到世界先进水平。初步统计，2013 年我国铝锭综合交流电耗为
13 740kW·h/t，比上年下降了 104kW·h/t；比金融危机前的 2007 年
下降了 700kW·h/t，比其他国家 2010 年的平均电耗水平低 1704kW·h/t
左右。2013 年我国铜冶炼综合能耗（发电煤耗法）为 436kgce/t，比
上年下降 3.3％。2011—2013 年有色金属行业主要产品产量及能耗情
况，见表 1-2-2。

表 1-2-2　　　　2011—2013 年有色金属行业
主要产品产量及能耗指标

产　品		2011 年	2012 年	2013 年
产量（Mt）	十种有色金属	34.35	36.91	40.55
	其中：铜	5.24	5.76	6.49
	铝	17.68	20.21	22.06
	铅			4.47
	锌	5.22	4.85	5.3
能源消费量（Mtce）		139.9	148.3	
用电量（亿 kW·h）		3560	3835	4054

续表

产　　品		2011 年	2012 年	2013 年
产品 能耗	电解铝交流电耗（kW·h/t）	13 913	13 844	13 740
	铜冶炼综合能耗（kgce/t）	497	451	436

数据来源：国家统计局《2014 中国统计年鉴》；国家发展改革委；有色金属工业协会；中国电力企业联合会。

根据 2013 年和 2012 年非再生有色金属主要品种的产量测算，其中，电解铝节能量为 69.3 万 tce，铜冶炼节能量为 9.7 万 tce。

2.4　建材工业节能

在城镇化和基础设施建设的推动下，改革开放以来我国建材工业取得飞速发展，主要产品产量均位列全球首位。在制造业部门中，建材工业的特点是细分行业多、产品种类丰富，涉及的主要产品包括水泥、石灰、砖瓦、建筑陶瓷、卫生陶瓷、石材、墙体材料、隔热和隔音材料以及新型防水密封材料、新型保温隔热材料和装饰装修材料等，共有 20 多个行业细分门类 1000 多种类型产品。其中，建材行业最具代表性的产品是水泥和平板玻璃，两种产品产量大、产值多，细分产品种类丰富，应用范围十分广泛。

（一）行业概述

（1）行业运行。

2013 年，建材工业增加值同比增长 11.5%，增速比 2012 年提高0.3 个百分点。2013 年建材工业实现利润总额 4525 亿元，同比增长18.2%；建材工业平均利润率为 7.2%，同比提高 0.1 个百分点。其中，水泥制造业实现利润总额 765.5 亿元，同比增长 16.4%，行业利润率为 7.9%，同比提高 0.5 个百分点；平板玻璃制造业实现利润总额 45.2 亿元，行业利润率为 6.0%，同比提高 5.4 个百分点。比较建材工业各行业的利润情况，可以发现水泥制造业是建材工业取得利润总额最多的部门，而轻质建材、建筑陶瓷、建筑用石等行业利润增速最快，均超过了 20%。

2013 年，建材工业主要产品产销率同比略有提高，其中水泥制造业产销率 97.7%，同比提高 0.4 个百分点；玻璃制造业产销率 96.6%，同比提高 1.1 个百分点。2013 年，建材工业共完成固定资产投资 1.3 万亿元左右，同比增长 13.8%，增速下降 3.7 个百分点。其中，受控于化解过剩产能政策的水泥、平板玻璃行业固定资产投资分别下降 3.7% 和 5.8%；代表建材工业结构优化方向的低消耗低排放的石材、轻质建材、技术玻璃等行业固定资产投资分别增长 28.9%、23.5% 和 36.3%。此外，混凝土与水泥制品行业完成投资达 2085 亿元，同比增长 12.7%，位居建材工业所有下属细分行业之首。

2013 年，建材工业水泥产量 24.1 亿 t，同比增长 9.6%；平板玻璃产量 7.8 亿重量箱，同比增长 11.2%；建筑陶瓷产量 96.9 亿 m³，同比增长 2.8%。水泥和平板玻璃产量及增速见图 1-2-3。

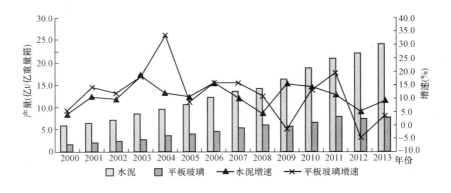

图 1-2-3 我国水泥和平板玻璃产量及增长情况

2013 年，国家加快出台建材工业发展政策，如制定了《建筑防水卷材行业准入公告管理暂行办法》《关于促进耐火材料产业健康可持续发展的若干意见》《关于加强陶瓷产业知识产权保护工作的意见》。

新型城镇化是建材工业产量增长和结构优化的关键动力。根据国际城镇化发展经验，在城镇化率为30%～50%的加速发展前期，一般基建投资呈快速上升态势，而当城镇化率超过50%以后，基建投资增速将趋于稳定并逐步放缓。2013年我国城镇化率为53.7%，意味着我国基建投资增速将逐渐告别过去高速增长局面，转入中高速增长通道。因此，建材工业产品产量也将进入中高速的增长阶段，产业升级成为建材工业持续增长的主要手段。

（2）能源消耗。

能源平衡表显示，2012年我国建材工业能源消费总量约5.04亿tce，同比提高4.2%；占工业能源消费总量的19.8%，同比下降0.2个百分点。事实上，由于一些非建材工业企业在产品生产过程中制造了大量的水泥、建筑石灰和墙体材料等建材工业产品，这些产品生产所消耗的能源并没有被纳入到建材工业能耗的统计核算范围之中，使得建材工业的实际能源消费被严重低估。据研究测算，水泥、墙体材料（包括新型墙体材料和传统墙体材料，2012年新型墙体材料约占墙体材料总产量63%，单位产品的综合能耗约为传统墙体材料的60%）、建筑陶瓷、建筑石灰和平板玻璃六大建材工业产品能耗占全行业能源消耗总量的95%，非建材企业生产的这六大产品的能耗占建材行业总能耗40%左右，由此最终核算的2012年建材工业产品实际能耗约为4.38亿tce，同比下降2.88%。2012年，建材工业的行业终端耗能增速延续了低于产品产量增速态势，进一步反映了节能减排形势下建材工业能源消费强度趋于下降。

建材工业中水泥、平板玻璃、石灰制造、建筑陶瓷、砖瓦等传统行业增加值占建材工业的50%～60%，单位产品综合能耗在2～

14tce 之间，能源消耗总量占建材工业能耗总量的 90% 以上；玻璃纤维增强塑料、建筑用石、云母和石棉制品、隔热隔音材料、防水材料、技术玻璃等行业单位产品综合能耗低于 1tce，能耗占建材工业能耗总量的 6.5%。我国主要建材产品产量及能耗情况，见表 1-2-3。

表 1-2-3　　　　我国主要建材产品产量及能耗

类　　别		单位	2005 年	2011 年	2012 年	2013 年
主要产品产量	水泥	亿 t	10.69	20.9	22.1	24.1
	砖瓦	亿块标准砖	8000	10 500	11 800	11 700
	建筑陶瓷	亿 m²	35	87	94	97
	平板玻璃	万重量箱	40 210	73 800	75 050	77 898
	建材工业能源消耗量	亿 tce	2.13	3.03	2.94	5.04
产品能耗	水泥	kgce/t	178	138	136	134
	平板玻璃	kgce/重量箱	22.7	16.5	16.0	15.0
节能技术	新干法水泥产量比重	%	39	89	92	93
	水泥散装率	%	36.6	51.2	54.2	55.9
	浮法玻璃产量比重	%	79	89	90	90
	新型墙体材料产量比重	%	42	61	63	63

　　注　1. 建材工业能源消费量根据水泥、砖瓦、建筑和卫生陶瓷、石灰、平板玻璃等产品能耗乘以产量计算得出。
　　　　2. 产品能耗中的电耗按发电煤耗折算成标准煤。
　　　　3. 标准砖尺寸为 240mm×115mm×53mm，包括 10mm 厚灰缝，长宽厚之比为 4:2:1。
数据来源：《2012 中国统计年鉴》《2012 中国能源统计年鉴》；王庆一，2012 能源数据。

（二）节能措施

（1）淘汰落后产能。

2012 年初，我国新型干法熟料产能约 16 亿 t，水泥产能约 30 亿 t，产能利用率仅 75% 左右。根据工业和信息化部统计数据，2013 年我国淘汰水泥落后产能 7345 万 t，淘汰平板玻璃落后产能 2250 万重量箱，水泥和平板玻璃落后产能淘汰规模占"十二五"总目标的比重分别为 19.9％和 25％。根据工业和信息化部下达的"十二五"期间工业领域 19 个重点行业淘汰落后产能目标任务，"十二五"期间我国建材工业累计将淘汰落后水泥产能 3.7 亿 t，淘汰落后平板玻璃产能 9000 万重量箱。2013 年建材工业淘汰落后产能力度加强，为推动"十二五"期间建材工业落后产能淘汰的目标提前实现奠定了良好基础。

（2）推广节能新工艺。

水泥行业加速引进新型干法生产工艺。根据中国建材工业协会数据，2013 年我国已运营的新型干法生产线 1587 条，其中日产 4000t 及以上大型生产线从 2000 年的 12 条增加到 661 条，占新型干法熟料生产能力比重从 2000 年的 24.9％提高到 61.3％。2013 年我国新型干法熟料实际生产能力 17.8 亿 t。我国新型干法生产线中，20％左右的生产线单位产品能耗和污染物排放达到或接近国际先进水平，其余生产线与国际先进水平仍有相当差距。新型干法生产技术整体水平与国际先进水平还有距离。因此，为完成化解过剩产能和节能减排任务，加速提升新型干法生产工艺水平建材业节能技术发展水平。

旋风预分解窑新型干法生产工艺技术助力节能减排。遵义海螺盘江水泥有限责任公司是安徽海螺集团和贵州盘江控股集团共同出资兴建的新型水泥生产企业。该项目总投资 16 亿元，项目分两期建设了 2 条日产 4500t 新型干法水泥熟料生产线，并配套建设 18MW 纯低温余热发电项目及中心城区生活垃圾利用水泥窑协同处置工程。随着日前年产量达 440 万 t 的项目全面竣工，该公司也成为贵州省最大的水泥、熟料生产基地。预计项目年产值达 16 亿元，年利税 2 亿元，年消化粉煤灰、矿渣等工业垃圾 120 万 t，减排 CO_2 7 万 t。

由于项目采用了当今国际最先进的旋风预分解窑新型干法生产工艺技术、集散式自动化控制系统及一流的质量检测设备，中央控制室集中控制，生产现场实现无人操作，生产现场环保收尘设施配置齐全，粉尘排放浓度低，生产用水实行内部循环使用，实现污水"零排放"。同时，运用新工艺和新技术，以工业废渣作原料，实施余热发电项目，大力发展循环经济，促进区域水泥结构调整、技术升级，淘汰落后产能，改善当地的生态环境。❶

浮法玻璃生产工艺降低产品能耗。2013 年，我国共有 243 条浮法玻璃在产生产线，日熔量共计 15.5 万 t，同比增长 14.8%。2013 年共有新点火浮法玻璃生产线 34 条，比 2012 年全年新点火生产线数量多 18 条，日熔量增加 1.4 万 t。2013 年我国平板玻璃生产能力 10.8 亿重量箱，其中运营浮法玻璃生产线 256 条，浮法能力 9.8 亿重量箱，其他工艺能力 1 亿重量箱。

提升建材产品余热利用率。据有关统计，目前我国能源总体利用率仅有约 33%，单位 GDP 能耗是世界平均水平的 1.9 倍，是发达国家的 3～4 倍，约有 67% 的能源在工业生产中被直接排放。可见，提高工业产品生产中的余热利用率是节能降耗的关键。建材产品生产过程中可以通过低温余热发电机组提升节能潜力，提高能源综合利

---

❶ 生产工艺提升，水泥厂烟囱不冒烟 [EB/OL]．（2013-10-26）．http：// news.ifeng.com/gundong/detail _ 2013 _ 10/26/30684911 _ 0.shtml。

用率。

（3）提高产业集中度。

近年以来水泥行业的集中度呈现逐年提高趋势，2013 年前 10 家企业份额达到 33％，比上年提高约 2 个百分点，预计 2015 年将达到 35％，未来有望达到 40％～45％的相对合理水平。按照中国建筑玻璃与工业玻璃协会的统计，2013 年我国平板玻璃行业产能为 12.5 亿重量箱，实际产量为 7.8 亿重量箱，过剩情况进一步加重。虽然我国玻璃行业总量已多年位居世界第一，但生产过度分散。目前共有 80 多家浮法玻璃企业，企业平均规模不足 1000 万重量箱，前 10 家平板玻璃企业的集中度不足 60％。

（4）优化调整产品结构。

提高高强度水泥产量占比。高强度水泥是指标号 42.5 及以上的水泥，即水泥标准试块完全硬化时抗压强度为 42.5MPa 及以上的水泥。我国目前主要使用 32.5 标号水泥，2013 年高标号水泥产量占比 40％，用高标号水泥替代 32.5 标号水泥可节省水泥 15％。

推广新型墙体材料。"十一五"期间，我国加大黏土砖瓦窑治理，提升新型墙体材料的比重，累计关停实心黏土砖企业 1.4 万家，节约标准煤 2500 万 t，新型墙体材料生产累计消纳的工业固体废弃物 15 亿 t。"十二五"期间我国新型墙体材料产量占墙体材料总量比例达到 65％以上，2012 年新型墙体材料产量占墙体材料总量比例约为 63％，距"十二五"规划的目标仅差 2 个百分点。

（三）节能成效

2013 年，水泥、建筑陶瓷、平板玻璃产量分别为 24.1 亿 t、97.0 亿 m^2、7.78 亿重量箱，产品单位能耗较 2012 年分别下降 2kgce/t、0.3kgce/m^2、1.0kgce/重量箱；考虑各主要建材产品能耗的变化，根据 2013 年产品产量测算得出，建材工业由于主要产品单

耗变化，2013年实现节能852.0万tce。建材行业主要产品能耗及节
能量测算见表1-2-4。

表1-2-4 建材工业节能量测算结果

类 别		2012年	2013年	节能量
水泥	产量（万t）	221 000	241 613	483.22
	产品综合能耗（kgce/t）	127	125	
墙体材料	产量（亿块标准砖）	11 800	11 700	0
	产品综合能耗(kgce/万块标准砖)	449	449	
建筑陶瓷	产量（亿 m²）	94	97	291.00
	产品综合能耗（kgce/ m²）	5.4	5.1	
平板玻璃	产量（亿重量箱）	7.14	7.78	77.80
	产品综合能耗（kgce/重量箱）	16.0	15.0	
节能量总计（万tce）				852.02

注 1. 产品综合能耗中的电耗按发电煤耗折算标准煤。

　　2. 2013年建筑陶瓷综合能耗为估计。

数据来源：国家统计局；国家发展改革委；工业和信息化部；中国建材工业协
　　　　　会；中国水泥协会；中国砖瓦工业协会；中国陶瓷协会；中国石灰
　　　　　协会。

2.5 石化和化学工业节能

我国石化工业主要包括原油加工和乙烯行业，化工行业产品主要
有合成氨、烧碱、纯碱、电石和黄磷。其中，合成氨、烧碱、纯碱、
电石、黄磷、炼油和乙烯是耗能较多的产品类别。

（一）行业概述

（1）行业运行。

2013年，除化肥外，主要石化和化工产品产量均保持一定增长。
其中，原油加工量为47 858万t，比上年增长3.3%；乙烯产量为

1622 万 t，比上年增长 9.1%；合成氨产量为 5745 万 t，较上年增长 5.0%；烧碱产量为 2859 万 t，增长 6.0%；纯碱产量为 2435 万 t，较上年增长 1.6%；电石产量为 2234 万 t，较上年增长 19.5%。2000 年以来我国烧碱和纯碱产量情况，见图 1-2-4。

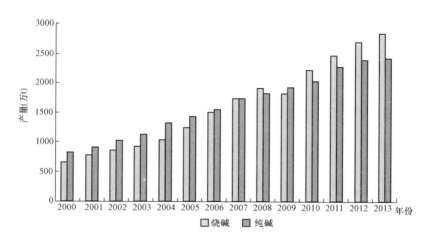

图 1-2-4　2000 年以来我国烧碱和纯碱产量情况

数据来源：国家统计局《2014 中国统计年鉴》。

2013 年，石化和化学工业实现较快增长，效益进一步改善，产业结构升级步伐加快，产品技术向高端领域延伸，节能减排成效显著，资源利用效率提高，市场供需基本平稳。

(2) 能源消费。

2013 年，石化和化学工业主要耗能产品能源消费情况为炼油耗能 4493 万 tce、乙烯耗能 1427 万 tce、合成氨耗能 8801 万 tce、烧碱耗能 2779 万 tce、纯碱 821 万 tce、电石 2310 万 tce，具体见表 1-2-5。

2013 年，石化工业资源类产品比重呈现持续下降，技术类产品保持上升的趋势。化工行业主营业务收入占全行业的比重达 62.7%，

同比提高 3 个百分点，创历史新高；有机化工原料、橡胶制品和专用
化学品利润占化工行业的比重分别为 13.1％、13.7％和 25.8％，分
别同比提高了 2.8、1.1、1 个百分点，而无机化学原料、化肥占比分
别同比下降 0.94、3.9 个百分点。此外，反式异戊橡胶、甲醇制芳
烃、大型煤气化炉等关键技术和装备取得突破，先进高分子材料、高
端复合材料、功能材料等增速明显快于行业平均水平。

表 1 - 2 - 5　　我国主要石油和化学工业产品产量及能耗

类　　别		单位	2010 年	2011 年	2012 年	2013 年
主要产品产量	炼油	Mt	426.80	447.7	467.9	478
	乙烯	Mt	14.22	15.28	14.87	16.23
	合成氨	Mt	48.72	50.69	54.59	57.45
	烧碱	Mt	20.87	24.66	26.96	28.59
	纯碱	Mt	20.31	23.03	24.09	24.35
	电石	Mt	14.20	17.38	18.69	22.34
产品能耗	炼油	万 tce	4268.0	4342.7	4351.5	4493.2
	乙烯	万 tce	1350.9	1367.6	1327.9	1426.6
	合成氨	万 tce	7731.9	7948.2	8472.4	8801.3
	烧碱	万 tce	2112.0	2614.0	2658.3	2779.0
	纯碱	万 tce	781.9	884.4	905.8	820.6
	电石	万 tce	1432.8	1811.4	1897.1	2310.2
节能技术	千万吨级炼油厂数	座	20	20	21	22
	离子膜法占烧碱产量比重	％	76.0	81.1	85.1	87.1
	联碱法占纯碱产量比重	％	41	45	47	

（二）主要节能措施

（1）提高产业集中度。

2013 年，随着一批改扩建工程的建成投产，我国炼厂的平均规

模继续上升，装置的大型化程度继续提高。全国共有 22 个千万吨级炼油基地，炼油能力达到 2.8 亿 t，占全国总炼油能力近一半，其中 14 座带有乙烯装置。长江三角洲、珠江三角洲、环渤海地区三大炼厂集群地区的炼化一体化程度较高，集中了全国 66% 的炼油能力和 68% 的乙烯能力。2013 年，全国乙烯产能为 1710 万 t，共有乙烯生产企业 24 家，生产装置 32 套（其中石脑油基地乙烯装置 28 套），平均规模为 53.4 万 t，目前沙特阿拉伯乙烯生产企业的平均规模为 83.4 万 t。100 万 t/年乙烯与 50 万 t/年乙烯装置相比，吨成本可以降低 25%。提高产业集中度可以明显提高石油资源的利用效率，降低原料成本。

（2）提高化工企业入园率。

当前，我国经济正处于转型升级的关键时期，工业园区作为我国经济的重要载体，正日益发挥着重要作用，特别是各地的专业化工园区，通过将企业在一定空间范围内科学整合，提高企业集约程度，突出产业特色，承载着各地产业优化升级、布局调整和规模化发展的重任，近年各地化工园区呈现快速发展的趋势。2008 年，国务院颁布的《关于进一步加强化学品安全生产工作的意见》，要求"新的化工建设项目必须进入产业集中区或化工园区，逐步推动现有化工企业进区入园"，国内化工园区建设进一步加快，截至 2013 年底，国内有化工园区 60 多家，上海、浙江、江苏、山东、安徽、宁夏、新疆、内蒙古等地形成了具有高水平和地方特色的化工园区；全国主要化工园区和以石化产业为主导的工业园区达到 490 余家，其中，国家级园区 30 家，地市级园区 280 家。化工企业入园率增速明显加快，2013 年企业入园率达 45%，较 2010 年提高约 10 个百分点。

金正大诺泰尔化学有限公司国家级磷资源循环
经济产业园实现资源综合利用

2011 年 11 月，金正大诺泰尔化学有限公司国家级磷资源循环经济产业园项目开始破土动工，历时近三年建设，2014 年 7 月 20 日，一期工程中的 60 万 t 硝基复合肥项目正式投产。

金正大诺泰尔化学有限公司国家级磷资源循环经济产业园，将磷资源产业链各个环节技术工艺进行了优化整合，按照"循环低碳，绿色发展"的模式，将"三废"变为产品，产品进行深加工，实现多种资源之间的优势互补、化学元素的优化组合；通过工艺路线的优化设计，实现资源价值的最大化和节能减排的最优化。它对于优化产业结构，促进磷化工产业上下游一体化协调发展，具有积极推动作用。除此之外，该项目拉长了磷化工产业链，在实现资源综合利用和可持续发展方面带了个好头，为黔南州发展循环经济，提高资源综合利用水平，完成节能减排目标树立了榜样。

(3) 推广先进新工艺。

离子膜烧碱产量比重增加。烧碱生产离子膜法相较于隔膜法而言，具有节能、省料、产品纯度高、排放污染少等优点。2013 年，离子膜烧碱占烧碱产量比重为 87.1%，比 2012 年提高 2 个百分点。按离子膜烧碱耗能比隔膜烧碱每吨减少 123kW·h 计算，因此，同样产量下离子膜法烧碱较隔膜烧碱少用 30 亿 kW·h。

电石生产推广密闭炉。密闭电石炉的烟气产生量比内燃式炉型减少 90% 以上，只有密闭式电石炉才能将炉气全部回收，收回后的炉气经净化后可加以利用，在大大减少污染排放的基础上，还能节电

400kW·h/t，生产成本至少降低 220 元/t。电石行业 2011 年淘汰落
后产能 302 万 t，2012 年淘汰 116 万 t，2013 年淘汰 113.3 万 t。目
前，密闭炉产量比重已超过 50%。

（4）推广利用节能新技术。

石化和化工领域通过技术进步推动节能减排，包括油品质量升
级，推广清洁生产与节能节水工艺，探寻温室气体减排途径，开发
CO_2 捕捉、封存、综合利用技术和设备。一批节能新技术相继推出，
如循环水冷却塔节电技术、低温余热发电技术、氧化还原树脂除氧技
术、合成氨工艺改造节能技术、电石生产采用落丸清灰装置回收热
量、纯碱自身返碱煅烧炉技术等。

（三）节能成效

2013 年，炼油、乙烯、合成氨、烧碱、纯碱产品单位能耗分别
为 94、879、1532、972、337kgce/t，电石单耗为 3423kW·h/t，其
中，炼油、电石较上年上升 1kgce/t 和 63kW·h/t，其他比上年不同
程度下降，见表 1-2-6。相比 2012 年，2013 年我国乙烯、合成氨、
烧碱、纯碱生产分别实现节能 23 万、115 万、40 万、95 万 tce，合
计实现节能 273 万 tce。

表 1-2-6　　2013 年我国石化和化学工业主要产品节能情况

产　品		2010 年	2011 年	2012 年	2013 年	2013 年节能量（万 tce）
石油工业能耗（万 tce）		5618.9	5710.3	5679.4	5919.8	−25
炼油	加工量（Mt）	426.80	447.7	467.9	478	−48
	单耗（kgce/t）	100	97	93	94	
乙烯	产量（Mt）	14.22	15.28	14.87	16.23	23
	单耗（kgce/t）	950	895	893	879	

续表

产　　品		2010 年	2011 年	2012 年	2013 年	2013 年节能量（万 tce）
化学品工业能耗（万 tce）		31 353.9	34 713.1	36 995.5		
合成氨	产量（Mt）	48.72	50.69	54.59	57.45	115
	单耗（kgce/t）	1587	1568	1552	1532	
烧碱	产量（Mt）	20.87	24.66	26.96	28.59	40
	单耗（kgce/t）	1012	1060	986	972	
纯碱	产量（Mt）	20.31	23.03	24.09	24.35	95
	单耗（kgce/t）	385	384	376	337	
电石	产量（Mt）	14.20	17.38	18.69	22.34	− 43
	单耗（kW·h/t）	3340	3450	3360	3423	

注　产品综合能耗按发电煤耗折标准煤。

数据来源：国家统计局；工业和信息化部；中国石化和化学工业联合会；中国电力企业联合会；中国化工节能技术协会；中国纯碱工业协会；中国电石工业协会，《中国能源统计年鉴（2013）》。

2.6　电力工业节能

电力工业作为国民经济发展的重要基础性能源工业，是国家经济发展战略中的重点和先行产业，也是我国能源生产和消费大户，属于节能减排的重点领域之一。根据国家统计局统计，2013 年我国规模以上电力供应企业数量为 1538 家，亏损企业数为 370 家，亏损面为24.1%，该行业总资产 42 671.3 亿元，同比增长了 6.7%。电力供应行业增长势头良好。

（一）行业概述

（1）行业运行。

2013 年，电力工业继续保持较快增长势头，电力供应能力进一

步提高。电源建设方面，截至 2013 年底，全国装机容量达到 12.58
亿 kW，比上年增长 9.7%，增速比上年增加 1.8 个百分点。电网建
设方面，截至 2013 年底，全国电网 220kV 及以上输电线路回路长度
为 54.3 万 km，比上年增长 7.3%，220kV 及以上公用变电设备容量
为 27.82 亿 kV·A，增长 11.4%。2013 年，哈密南—郑州特高压直
流工程投产，额定输送容量达到 800 万 kW；向家坝—上海特高压直
流工程通过国家验收；新疆与西北第二通道工程、玉树与青海联网工
程建成投产，西北 750kV 主网架进一步完善。

水电和可再生能源发展较快，结构调整取得新进展。2013 年全
国装机容量中，水电、火电、核电和风电机组分别占 22.3%、
69.2%、1.2% 和 6.1%。水电、核电、风电和太阳能等非化石能源
装机容量比重为 30.8%，比上年提高 2.3 个百分点。

新增装机容量有所减少，但仍保持较大规模，可再生能源发电机
组占全部新投产容量的比重明显上升。

2013 年，全国新增发电装机容量 10 222 万 kW，比上年增加 907
万 kW，其中水电、火电、风电和太阳能新增装机容量分别为 3096
万、4175 万、1487 万、1243 万 kW，比重分别为 30.3%、40.8%、
14.6% 和 12.2%。新增装机中，水电、风电和太阳能容量均比上年
有所增加，尤其是太阳能。火电装机容量出现下降。2013 年我国电
源及电网发展情况，见表 1 - 2 - 7。

表 1 - 2 - 7   我国电源与电网发展情况

类　　别	2005 年	2010 年	2011 年	2012 年	2013 年
年末发电设备容量（GW）	517.18	966.41	1062.53	1146.76	1257.68
其中：水电	117.39	216.06	232.98	249.47	280.44
火电	391.38	709.67	768.34	819.68	870.09

续表

类　　别	2005 年	2010 年	2011 年	2012 年	2013 年
核电	6.85	10.82	12.57	12.57	14.66
风电	1.06	29.58	46.23	61.42	76.52
发电量（TW·h）	2497.5	4227.8	4730.6	4986.5	5372.1
其中：水电	396.4	686.7	668.1	855.6	892.1
火电	2043.7	3416.6	3900.3	3925.5	4221.6
核电	53.1	74.7	87.2	98.3	111.5
风电	1.3	49.4	74.1	103.0	138.3
220kV 及以上：					
输电线路（万 km）	25.37	44.56	47.49	50.58	54.38
变电容量（亿 kV·A）	8.43	19.90	22.08	24.97	27.82

数据来源：中国电力企业联合会《电力工业统计资料汇编 2013》。

（2）能源消费。

电力工业是我国能源生产和消费大户。2012 年，电力消费能源占一次能源消费的比重为 45.2%，电能在终端能源消费中的比重为 22.6%[1]。我国发电装机中，火电装机比重较高，为 69.2%[2]。2013 年，6000kW 及以上电厂发电生产及供热消耗原煤 20.5 亿 t，比上年增加 3.5%，占全国用煤的 56.8%。

由于煤炭消耗量大，电力行业是节能减排的重要行业。2012 年电力、热力生产与供应业 SO_2、NO_x 排放量分别为 797 万、1018.7 万 t，占全国总排放量的 37.6% 和 43.6%，较 2011 年下降 3 个百分点和 2.4 个百分点；工业烟（粉）尘排放量为 222.8 万 t，占全国排

---

[1] 世界及主要国家电能占终端能源消费比重 http：//news.bjx.com.cn/html/20141009/552506.shtml。

[2] 数据来源：《电力工业统计资料汇编 2013》。

放量的 18.1％。在减排上，进一步提高火电机组脱硫设施达标率，对 3400 万 kW 现役火电机组脱硫设施实施增容改造，2013 年当年投运火电厂烟气脱硫机组容量约 3600 万 kW；截至 2013 年底，已投运火电厂烟气脱硫机组容量约 7.2 亿 kW，占全国现役燃煤机组容量的 91.6％，较 2012 年提高 1.6 个百分点。

（二）主要节能措施

2013 年，我国电力工业节能减排取得了显著成就，所采取的节能措施主要包括以下几个方面。

（1）进一步优化电力结构。

2013 年，非化石能源发电装机发电比重和发电量比重进一步提高。非化石能源装机容量达到 3.9 亿 kW，占总装机比重的 30.8％，同比提高 2.4 个百分点；在当年新增装机容量中，非化石能源新增装机为 6049 万 kW，占比 59.2％，首次超过化石能源新增装机容量。在发电方面，水电、核电、风电、太阳能发电量同比增长为 4.7％、13.4％、34.2％、133.0％，非化石能源发电量总计为 1.2 万亿 kW·h，约占全国发电量的 21.4％，比 2012 年提高了 0.1 个百分点。同时，2013 年关停小火电机组 447 万 kW，30 万 kW 及以上机组容量所占比例比 2012 年提高 1 个百分点。

（2）增加大容量、高参数、环保型机组投资。

在电力机组投资方面，火电建设继续向着大容量、高参数、环保型方向发展。截至 2013 年底，全国在运 100 万 kW 超超临界机组有望超过 63 台。2013 年底，水电、核电、风电设备容量占全国发电设备容量的比重达到 28.2％，比上年提高 1.7 个百分点。火电设备容量占全国发电设备容量的比重为 69.2％，比上年降低了 2.3 个百分点。火电机组中天然气、煤矸石、生物质、垃圾、余热余压等发电装机得到较快发展。大容量火电机组比重进一步提高，火电

30 万 kW 及以上机组占全国火电机组总容量的 76.2%，比上年提高 2.6 个百分点；火电平均单机容量为 11.75 万 kW，比上年降低 0.5 万 kW。

（3）节能服务公司多方创新开展工作。

为有效推进企业节能，电力企业积极利用市场化手段，加快节能服务体系建设，有效开展节能工作，2013 年国家电网节能服务公司成立，深入节能服务开展工作。首先，2013 年 4 月，国家电网节能服务公司分别与北京市发展和改革委员会、住房和城乡建设部科技与产业化发展中心等多个合作伙伴签署了战略合作框架协议，为公司实施差异化竞争策略，依托政府平台进入市场，积极向全社会提供规范、高效、专业的节能服务奠定了基础。其次，与德方专家合作进行能效现场审计，先后完成了安徽安凯汽车有限公司、中国移动北京马连道数据中心、河北石家庄常山恒新纺织有限公司、北京九华山庄、可口可乐（四川）饮料有限公司等多个涉及工业、建筑等节能领域的中德能效合作项目的能效现场审计。此外，积极与地方电力企业合作，开展电能替代、节能节电等项目。以与山东省电力公司组织实施的山东配电网节能和提高电能质量改造项目为例，实施范围涵盖全省 17 个地市（含 97 个县）2 万余个公用台区，年节电量可达 2.7 亿 kW·h，减少 CO_2 排放 22.32 万 t，减少 SO_2 排放 0.67 万 t，节能减排效果显著。

（4）超额完成需求侧管理目标。

电力需求侧管理技术一般是指电力用户侧的节电或节能技术。2013 年，国家电网公司、南方电网公司进一步深入推进电力需求侧管理，各项工作都取得了明显进步，均超额完成电力需求侧管理目标任务，共节约电量 162 亿 kW·h，节约电力 344 万 kW。除西藏外，全国 30 个省（区、市）电网企业全部完成 2013 年度目标任务，其中 17 个考核等级为优秀，12 个考核等级为良好，1 个考核等级为合格。

(5) 进一步拓展发电权交易。

通过积极开展发电权交易，提高高效机组利用效率。通过深入挖掘发电权交易潜力，积极开展关停机组指标替代和在役机组发电权交易，取得了节能减排和优化资源配置的实效。2013 年，国家电网公司认真贯彻落实节能减排政策，进一步拓展发电权交易空间，累计完成发电权交易 1138.48 亿 kW·h，节约标准煤 785.37 万 t，减少 SO_2 和 CO_2 排放 18.24 万 t 和 2012.63 万 t，节能减排和优化资源配置取得显著成效。

（三）节能成效

2013 年，全国 6000kW 及以上火电机组供电煤耗为 321gce/（kW·h），比上年下降 4gce/（kW·h），总计节能 1685.4 万 t；全国线路损失率为 6.68%，比上年降低 0.06 个百分点。近几年线损率下降幅度较小甚至出现反弹的原因：一是多年来电网公司从各个方面加强线损监测和管理；二是线损统计口径逐步覆盖线损率相对较高的县级电网；三是由于电网结构以及电力系统潮流等因素，线损率在接近理论线损时下降难度增加。我国电力工业主要指标见表 1-2-8。

表 1-2-8　　　　　我国电力工业主要指标

指　标	2007 年	2008 年	2009 年	2010 年	2011 年	2012 年	2013 年
供电煤耗[gce/（kW·h）]	356	345	340	333	329	325	**321**
发电煤耗[gce/（kW·h）]	332	322	320	312	308	305	**302**
厂用电率（%）	5.83	5.9	5.76	5.43	5.39	5.10	**5.05**
其中：火电（%）	6.62	6.79	6.62	6.33	6.23	6.08	**6.01**
线路损失率（%）	6.97	6.79	6.72	6.53	6.52	6.74	**6.69**

指　　标	2007 年	2008 年	2009 年	2010 年	2011 年	2012 年	2013 年
发电设备利用小时数（h）	5020	4648	4546	4650	4730	4579	**4521**
其中：水电（h）	3520	3589	3328	3404	3019	3591	**3359**
火电（h）	5344	4885	4865	5031	5305	4982	**5021**

数据来源：中国电力企业联合会《2013 年电力工业统计资料汇编》。

与 2012 年相比，2013 年由于火电厂供电效率的提高，发电环节实现节能 1685.4 万 tce。综合发电和输电环节节能效果，电力工业实现节能量 1791 万 tce。

2.7　节能效果

与 2012 年相比，2013 年制造业 6 个主要行业的 15 种产品单位能耗下降实现节能量约 2490 万 tce。2013 年 15 种高耗能产品的能源消费量约占制造业能源消费量的 70%，据此推算，得到制造业总节能量为 3557 万 tce，见表 1-2-9。考虑电力生产节能量 1791 万 tce，2013 年与 2012 年相比，工业部门实现节能量至少 5348 万 tce。

表 1-2-9　　中国 2013 年制造业主要高耗能产品节能量

类别	产品能耗					产量		2013 年节能量（万 tce）
	单位	2010 年	2011 年	2012 年	2013 年	单位	2013 年	
钢	kgce/t	950	942	940	923	万 t	77 900	1324
电解铝	kW·h/t	13 979	13 913	13 844	13 740	万 t	2206	69
铜	kgce/t	500	497	451	436	万 t	649	10
水泥	kgce/t	134	129	127	125	万 t	241 600	483
建筑陶瓷	kgce/m²	7.7	7.4	7.3	7.1	亿 m²	97	194

续表

类别	产品能耗					产量		2013年节能量（万tce）
	单位	2010年	2011年	2012年	2013年	单位	2013年	
墙体材料	kgce/万块标准砖	468	454	449	449	亿块标准砖	11 700	0
平板玻璃	kgce/重量箱	16.9	16.5	16.0	15.0	亿重量箱	7.8	78
炼油	kgce/t	100	97	93	94	万t	47 800	—
乙烯	kgce/t	950	895	893	879	万t	1623	23
合成氨	kgce/t	1587	1568	1552	1532	万t	5745	115
烧碱	kgce/t	1006	1060	986	972	万t	2859	40
纯碱	kgce/t	385	384	376	337	万t	2435	95
电石	kW·h/t	3340	3450	3360	3423	万t	2234	—
纸和纸板	kgce/t	390	380	364	362	万t	1151	23
化纤	kW·h/t	967	951	878	849	万t	4120	36
合　计								2490

注 1. 产品综合能耗均为全国行业平均水平。

2. 产品综合能耗中的电耗按发电煤耗折标准煤。

3. 1111m³ 天然气＝1toe。

4. 2013年建筑陶瓷、纸和纸板综合能耗为估算值。

数据来源：国家统计局《2014中国统计摘要》《2013中国能源统计年鉴》；国家发展改革委；工业和信息化部；中国电力企业联合会；中国钢铁工业协会；中国有色金属工业协会；中国建材工业协会；中国水泥协会；中国陶瓷工业协会；中国石油和化学工业联合会；中国化工节能技术协会；中国纯碱工业协会；中国电石工业协会；中国造纸协会。

3

建 筑 节 能

本 章 要 点

(1) 我国建筑面积规模保持扩大态势。2012 年底，全国累计既有房屋建筑面积约达 580 亿 m^2；2013 年，竣工房屋建筑面积 34.9 亿 m^2，比上年增长 4.5%，其中住宅竣工面积为 19.3 亿 m^2；房屋施工规模达 133.6 亿 m^2，比上年增长 11.5%，其中住宅施工面积为 67.3 亿 m^2。

(2) 我国建筑领域节能取得良好成效。2013 年，建筑领域通过对新建建筑实施节能设计标准、对既有居住建筑实施节能改造、对大型公共建筑节能实施监管和高耗能建筑实施节能改造、推动绿色建筑发展、利用可再生能源等节能措施，实现节能量 2859 万 tce。其中，全国新建建筑执行强制性节能设计标准 14.4 亿 m^2，形成年节能能力约 1300 万 tce，其中绿色建筑形成年节能能力约 16 万 tce；北方采暖地区既有居住建筑节能改造面积约 2.24 亿 m^2，形成年节能能力约 246 万 tce；新增建筑实现可再生能源利用量 1300 万 tce。

3.1 综述

2013 年全国建筑业总产值 38 995 亿元，同比增长 9.9%，与

2012 年相比下降 1.24 个百分点，如图 1-3-1 所示，建筑业占国内生产总值的 6.85%，工业占比 37.03，与 2012 年相比建筑业上涨了 0.02 个百分点，而工业下降了 1.4 个百分点。

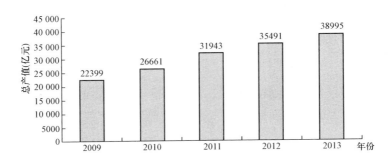

图 1-3-1　2009—2013 年全国建筑行业产值变化情况

　　由此可见在经济转型过程中工业受到较大影响，而建筑行业依然坚挺，而这与我国加快城镇化进程是密不可分的。建筑行业的增长意味着更多的能源消耗，而根据我国目前的建筑施工管理较粗放和运行能效较差的情况来说，建筑领域可承担的节能减排量也随之上升。我国建筑能源消费总量大、增量大、整体能效较低，使得我国建筑节能领域潜力巨大。推进建筑节能不仅可以大幅削减能源需求，减少能源供应压力，还能降低大气污染物和 CO_2 排放，这也是建筑节能成为全社会节能中的重要组成的根本原因。

　　2013 年，建筑节能方面成绩斐然。"十二五"前三年累计完成改造面积 6.2 亿 m²，提前超额完成了国务院明确的"北方采暖地区既有居住建筑供热计量和节能改造 4 亿 m² 以上"任务。

　　"十二五"时期，我国仍处于工业化、城镇化进程当中、大规模的基本建设是这一时期的主要特征之一。2013 年，我国城镇化率达 53.4%，比上年增加 0.8 个百分点，仍然保持上升趋势，国内建筑总体规模仍旧保持扩大态势。全年全国房屋施工规模达 133.6 亿 m²，比上年增长 11.5%，增速有所回落；其中住宅施工面积为 67.3 亿 m²，比上年增加 9.4%，较上年增长 2.5 个百分点；竣工房屋建筑面积为 34.9 亿 m²，增长 4.5%，较上年增长 2.6 个百分点，其中住宅竣工面积为 19.3 亿 m²，较上年略有下降。截至 2012 年底，全国既有房屋建筑面积约达 580 亿 m²；建筑面积增量和总量均居世界首位。全国建筑施工、竣工房屋面积及变化情况，见表 1-3-1。

表 1-3-1　　　全国建筑施工、竣工房屋面积及变化情况

年份	施工房屋建筑面积（万 m²）	住宅（万 m²）	施工建筑面积增加（%）	竣工房屋建筑面积（万 m²）	住宅（万 m²）	竣工建筑面积增加（%）
1995	215 084.6	140 451.9		145 600.1	107 433.1	
2000	265 293.5	180 634.3	0.8	181 974.4	134 528.8	− 2.9
2005	431 123.0	239 769.6	14.5	227 588.7	132 835.9	9.9
2010	885 173.4	492 763.6	17.4	304 306.1	183 172.3	0.7
2011	1 035 519.0	574 910.0	16.9	329 073.0	197 452.0	8.1
2012	1 165 406.0	614 586.0	12.5	334 325.0	194 730.0	1.6
2013	1 336 287.6	673 163.3	11.5	349 895.8	193 328.5	0.5

数据来源：国家统计局《2010—2014 中国统计年鉴》。

3.2　主要节能措施

2013 年我国建筑领域节能效果明显，所采取的主要节能措施包括以下几个方面：

（1）实施节能设计标准。

2013 年全国城镇新建建筑全面执行节能强制性标准，新增节能建筑面积 14.4 亿 m²，可形成 1300 万 tce 的节能能力。全国城镇累计建成节能建筑面积 74 亿 m²，共可形成约 7900 万 tce 的年节能能力。北方采暖地区、夏热冬冷及夏热冬暖地区全面执行更高水平节能设计

标准，新建建筑节能水平进一步提高。全国城镇累计建成节能建筑面积 88 亿 m²，约占城镇民用建筑面积的 30%，共形成 8000 万 tce 节能能力。

在推广节能设计标准的同时，国家还加快了对绿色建材推广的力度。目前，国家住房和城乡建设部、工业和信息化部以及建材相关领域专业机构已经着手开展制定加快绿色建材推广应用的政策和措施，开展产品标准和工程建设标准规范的修订工作。

（2）实施既有居住建筑节能改造。

财政部、住房和城乡建设部安排 2013 年度北方采暖地区既有居住建筑供热计量及节能改造计划 1.9 亿 m²，截至 2013 年底，各地共计完成改造面积 2.24 亿 m²。"十二五"前 3 年累计完成改造面积 6.2 亿 m²，提前超额完成了国务院明确的"北方采暖地区既有居住建筑供热计量和节能改造 4 亿 m² 以上"任务。夏热冬冷地区既有居住建筑节能改造工作已经启动，2013 年共计完成改造面积 1175 万 m²。

（3）实施大型公共建筑节能监管。

公共建筑是指非住宅类民用建筑，即办公楼、学校、商店、旅馆、文化体育设施、交通枢纽、医院等。根据单位建筑面积能耗特点，公共建筑大致分为两大类：单体规模大于 2 万 m² 且采用中央空调的建筑，称大型公共建筑；单体规模小于 2 万 m² 未采用中央空调的建筑，称普通公共建筑。大型公共建筑能耗总量大，管理集中，被视为建筑节能的重点领域，然而由于大型公共建筑的多样性和复杂性，加上建筑设计、施工和运行阶段的管理脱节以及地域差别，造成了节能运行标准难以适应实际需要。

截至 2013 年底，全国累计完成公共建筑能源审计 10 000 余栋，能耗公示近 9000 栋建筑，对 5000 余栋建筑进行了能耗动态监测。在 33 个省市（含计划单列市）开展能耗动态监测平台建设试点。天津、上海、重庆、深圳市等公共建筑节能改造重点城市，落实节能改造任务 1472 万 m²，占改造任务量的 92%；完成节能改造 514 万 m²，占改造任务量的 32%。住房城乡建设部会同财政部、教育部在 210 所高等院校开展节约型校园建设试点，将浙江大学等 24 所高校列为节能综合改造示范高校。会同财政部、国家卫计委在 44 个部属医院开展节约型医院建设试点。大型公共建筑和国家机关办公建筑节能监管体系建设情况，见表 1-3-2。

表 1-3-2　　　　大型公共建筑和国家机关办公建筑

节能监管体系建设情况

年份	累计能耗统计（千栋）	累计能源审计		累计能耗公示（千栋）	累计能耗动态监测（千栋）	节约型高校示范总计（所）	新增能耗动态监测平台试点城市
		公建（千栋）	高校（所）				
2008	11.6	0.8	59	0.8	0.3	12	北京、天津、深圳
2009	17.8	2.2		2.4	0.4	18	江苏、内蒙古、重庆
2010	33.1	4.8		5.9	1.6	42	上海、浙江、贵州
2011	34.0	5.3		6.7	2.1	46	黑龙江、山东、广西
2012	40.0	9.7		8.3	3.8	91	山西、辽宁、吉林、安徽、河南、湖北
2013	—	10.0		9.0	5.0	115	33 个省市（含计划单列市）

数据来源：住房和城乡建设部《2009-2013 年住房城乡建设部住房城乡建设领域节能减排检查报告》《"十二五"建筑节能专项规划》。

（4）推动绿色建筑发展。

为引导绿色建筑健康发展，住房和城乡建设部自 2008 开始实施"绿色建筑评价标识"。"绿色建筑"的概念出现在 20 世纪中叶，是指在建筑的全寿命周期内，最大限度地节约资源（节能、节地、节水、节材）、保护环境和减少污染，为人们提供健康、适用和高效的使用空间，与自然和谐共生的建筑。国内目前参评的建筑需要在建筑节能率、住区绿地率、可再生能源利用率、非传统水源利用率、可再循环建筑材料用量等绿色建筑评价指标方面达到《绿色建筑评价标准》的要求。

截至 2013 年底，全国共有 1446 个项目获得了绿色建筑评价标识，建筑面积超过 1.6 亿 m²，项目数量增长近 1 倍，面积增长超过 110%。其中 2013 年度有 704 个项目获得绿色建筑评价标识，建筑面积 8690 万 m²，与上年的 389 个项目和 4094 万 m² 的面积相比，增幅巨大。2013 年，住房城乡建设部全面启动绿色保障性住房建设工作，首批 8 个绿色生态城区当年开工建设绿色建筑 1137 万 m²，占总开工建设任务的 35.5%。据测算，目前全国绿色建筑总量约可形成约 16 万 tce 的年节能能力。

（5）可再生能源建筑应用。

2013 年底，全国城镇太阳能光热应用面积 27 亿 m²，浅层地能应用面积 4 亿 m²，建成及正在建设的光电建筑装机容量达到 1875MW。可再生能源建筑应用示范市县项目总体开工比例 81%，完工比例 51%。北京、天津、河北、山西、江苏、浙江、宁波、山东、湖北、深圳、广西、云南等 12 个省市的示范市县平均完工率在 70% 以上，共有 28 个城市、54 个县、2 个镇和 10 个市县追加任务完工率 100% 以上。山东、江苏两省省级重点推广区开工比例分别达到 136% 和 112%，完工比例为 44% 和 24%。

我国用于建筑的可再生能源多种多样，利用量居世界首位。2013 年全国农村沼气利用量达到 164 亿 m³，节能太阳能热水器 3.1 亿 m²，光伏发电 1875GW·h，地热采暖面积 2.2 亿 m²，地源热泵采暖面积 3.0 亿 m²，共计节能 6.53 亿 tce。我国用于建筑的可再生能源，见表 1-3-3。

表 1 - 3 - 3 　　　我国用于建筑的非水可再生能源利用情况

类　　型	2010 年		2011 年	
	实物量	标准煤量（万 tce）	实物量	标准煤量（万 tce）
农村沼气	140 亿 m³	1000	155 亿 m³	1110
太阳能热水器	18 500 万 m²	2220	21 740 万 m²	2610
光伏发电	320GW·h	10	675GW·h	20
地热采暖	3500 万 m²	100	5000 万 m²	140
地源热泵	2.3 亿 m²	570	2.4 亿 m²	600
总　　计		3900		4480

类　　型	2012 年		2013 年	
	实物量	标准煤量（万 tce）	实物量	标准煤量（万 tce）
农村沼气	160 亿 m³	1140	164 亿 m³	1170
太阳能热水器	25 570 万 m²	3070	31 000 万 m²	3690
光伏发电	1560GW·h	48	1875GW·h	60
地热采暖	8000 万 m²	220	22 000 万 m²	610
地源热泵	3.0 亿 m²	750	4 亿 m²	1000
总　　计		5228		6530

注　1. 生物质直接燃烧包括秸秆和薪柴。

　　2. 太阳能热水器提供的能源为 120kgce/（m²·年），地热采暖和地源热泵提供的能源分别为 28kgce/（m²·采暖季）和 25kgce（m²·采暖季）。

　　3. 发电量按当年火力发电煤耗折算标准煤。

数据来源：国家统计局；国家能源局；农业部科技教育司；农业部规划设计研究院；住房和城乡建设部，中国农村能源行业协会太阳能热利用专业委员会；中国可再生能源协会；中国太阳能协会；国土资源部。

3.3　节能效果

2013 年，全国新建建筑执行强制性节能设计标准 14.4 亿 m²，形成年节能能力约 1300 万 tce，其中绿色建筑形成年节能能力约 16

万 tce；北方采暖地区既有居住建筑节能改造面积约 2.24 亿 m²，形成年节能能力约 246 万 tce；新增建筑实现可再生能源利用量 1300 万 tce。经测算，2013 年建筑领域实现节能量 2859 万 tce。2013 年我国建筑节能情况，见表 1 - 3 - 4。

表 1 - 3 - 4　　　　2013 年我国建筑节能量　　　　万 tce

类　　别	2011 年	2012 年	2013 年
新建建筑执行节能标准	1300	1000	1300
既有居住建筑节能改造	145	242	246
利用可再生能源	540	790	1300
照明节能	12	11	13
总　　计	1997	2043	2859

4

交 通 运 输 节 能

本 章 要 点

（1）交通运输领域包括公路、铁路、水运、航空等多种运输方式，整体呈现平稳增长态势，但客运（货运）周转量呈现一定程度下滑。2013年，公路、铁路、水运和民航航线里程分别比上年增长2.8%、5.6%、0.7%和25.2%；客运、货运周转量分别比上年增长-17.4%和-3.2%，其中，公路、铁路、水运和民航客运周转量分别增长-39.1%、8.0%、-11.7%和12.6%，货运周转量分别增长-6.4%、-0.04%、-3.1%和3.9%。

（2）交通运输领域能源消费量增长迅速。2013年，交通运输领域能源消费量为3.9亿tce，比上年增长10.1%，占终端能源消费总量的11.5%。其中，汽油消费量9550万t，占全社会汽油消费总量的68.4%；柴油消费量12 201万t，占全社会柴油总消费量的67.5%。

（3）交通运输领域针对不同运输方式采取针对性的节能措施。公路运输采取的主要措施包括提高机动车燃料效率、推广节能环保和新能源汽车、推进智能信息化交通运输体系建设等；铁路运输采取的主要措施包括构建节能型铁路运输网络、加强铁路运输基础设施节能、提升铁路运营管理能力等；水路运输采取的主要措施包括加强船舶能耗实时监测、开展绿色循环低碳技术推广应用、完善港航组织管理等；民用航空采取的主要措施包括优化空域结构、推广应用桥载设备、加强机场建设和地面服务节能等。

（4）交通运输领域节能工作取得一定成效。 2013 年，我国交通运输业能源利用效率进一步提高，公路、铁路、水路、民航单位换算周转量能耗分别比上年下降 4.74%、1.69%、4.85% 和 1.63%，分别实现节能量 1589 万、32 万、182 万和 48 万 tce。行业全年实现节能量约 1851 万 tce，但我国油耗水平依然远高于发达国家水平，节能减排潜力依然较大。

4.1 综述

（一）行业运行

2013 年，交通运输行业整体呈现出平稳增长态势。铁路、公路、水路、民航等均得到进一步发展。运输线路长度、能源消费量等各项指标也呈现出不同增长态势。其中，铁路、公路、水运和民航航线里程，分别比上年增长 5.6%、2.8%、0.7% 和 25.2%。我国各种运输线路长度，见表 1-4-1。

表 1-4-1　　　　　我国各种运输线路长度　　　　　万 km

运输线路	2005 年	2012 年	2013 年
铁路营业里程	7.54	9.76	10.31
公路里程	334.52	423.75	435.62
其中：高速公路	4.10	9.62	10.44

续表

运输线路	2005 年	2012 年	2013 年
内河航运里程	12.33	12.50	12.59
民用航空航线里程	199.85	328.01	410.60

数据来源：国家统计局《2013 中国统计年鉴》《2006 中国统计年鉴》《2014 中国统计摘要》。

2013 年，客运（货运）周转量呈现一定程度的下滑。客运周转量整体比上年增长－17.4%。其中，铁路、公路、水运和民航客运周转量分别比上年增长 8.0%、－39.1%、－11.7%和 12.6%；货运周转量整体比上年增长－3.2%。其中，铁路、公路、水运和民航货运周转量分别比上年增长－0.04%、－6.4%、－3.1%和 3.9%。我国交通运输量、周转量和交通工具拥有量，见表 1-4-2。

表 1-4-2　我国交通运输量、周转量和交通工具拥有量

项目		2005 年	2012 年	2013 年
运量	客运（亿人）	184.7	380.4	212.3
	铁路	11.6	18.9	21.1
	公路	169.7	355.7	185.3
	水运	2.0	2.6	2.4
	民航	1.4	3.2	3.5
	货运（亿 t）	186.21	409.9	410.2
	铁路	26.93	39.0	39.7
	公路	134.18	318.8	307.7
	水运	21.96	45.9	56.0
	民航	0.03	0.05	0.056
周转量	客运（亿人·km）	17 467	33 383	27 572
	铁路	6062	9812	10 596
	公路	9292	18 468	11 251

续表

项 目		2005 年	2012 年	2013 年
周转量	水运	68	77	68
	民航	2045	5026	5657
	货运（亿 t·km）	80 258	173 771	168 165
	铁路	20 726	29 187	29 174
	公路	8693	59 535	55 738
	水运	49 672	81 708	79 187
	民航	78.9	163.9	170.3
民用汽车拥有量（万辆）		3159.7	10 933.1	12 670.1
其中：私人载客车		1383.9	7637.9	9198.2
铁路机车拥有量（台）		17 473	20 797	20 835
民用机动船拥有量（万艘）		16.59	15.83	15.53
民用飞机拥有量（架）		1386	3589	4004

数据来源：国家统计局《2013 中国统计年鉴》《2014 中国统计摘要》。

（二）能源消费

随着近年来交通运输能力的持续增强和交通运输规模的不断扩大，交通运输行业能源消费量呈现快速增长态势。2013 年，交通运输行领域能源消费量为 3.9 亿 tce，比上年增长 10.1%，占全国终端能源消费量的 11.5%。其中，汽油消费量 9550 万 t，占汽油消费总量的 68.4%；柴油消费量 12 201 万 t，占柴油总消费量的 67.5%，其他消费主要用于工业、居民生活和农林牧渔。2013 年我国交通领域分品种能源消费量，见表 1-4-3。

表 1-4-3   我国交通运输业分品种能源消费量

品 种		2005 年		2012 年		2013 年	
		实物量	标准量	实物量	标准量	实物量	标准量
石油（万 t，万 tce）	汽油	4609	6591	8510	12 522	9550	14 052
	煤油	740	1088	1840	2707	1980	2913
	柴油	6518	9497	11 274	16 427	12 201	17 778

续表

品　种	2005 年		2012 年		2013 年	
	实物量	标准量	实物量	标准量	实物量	标准量
燃料油	1209	1729	1690	2414	1760	2514
液化石油气	49	83	68	117	100	171
电（亿 kW·h，万 tce）	430	529	915	1125	989	1215
天然气（亿 m³，万 tce）	38	51	155	205	180	239
总计（万 tce）		19 683		35 518		38 883

注　1. 道路交通用油量未计车用替代燃料。2012 年，车用替代燃料 1095 万 t，
其中，压缩天然气和液化天然气 700 万 t，燃料乙醇 200 万 t，生物柴油
50 万 t，甲醇 45 万 t，煤制油 70 万 t，电动汽车代油 30 万 t；2013 年，
车用替代燃料 1670 万 t，其中，压缩天然气和液化天然气 1302 万 t，燃
料乙醇 167 万 t，生物柴油 17 万 t，甲醇 33 万 t，煤制油 117 万 t，电动
汽车代油 33 万 t。其中，1t 液化天然气等于 725 m³ 天然气，1t 压缩天
然气等于 1400 m³ 天然气，1t 液化石油气等于 800 m³ 天然气。

　　2. 自 2010 年起天然气消费量包含液化天然气。

数据来源：国家统计局；国家发展改革委；国家铁路局；中国汽车工业协会；
中国汽车技术研究中心；中国石油集团经济技术研究院，2013 国内
外油气行业发展报告；龚金双，我国石油市场 2012 年回顾及 2013
年展望，国际石油经济，2013，No.1-2，70～76；金云、朱和，中
国炼油工业发展状况及趋势，国际石油经济，2013，No.5，24～
34；田明，中国船供油市场变化及发展建议，国际石油经济，2013，
No.1-2，155～161；中国电力企业联合会。

4.2　主要节能措施

　　交通运输行业作为我国主要的耗能领域，节能减排潜力较大。相
关研究表明[1]，我国各类汽车平均每百吨公里油耗比发达国家高 20%
以上，其中卡车运输高出近 50%，而内河船舶每百吨公里油耗比发

---

[1]　交通运输节能减排专项资金项目管理工作简报，2012 年第 4 期。

达国家高 20％以上。

为推进该领域节能减排工作的有效开展，国家有关部门从政策激励、专项行动、低碳体系及试点建设、示范项目、技术创新及应用等方面积极采取措施，并取得了一定成效。其中，2013 年下达交通运输节能减排专项资金 6.71 亿元，涉及 326 家公司，优先支持公路交通运输基础设施建设与运营领域、道路运输装备领域、港航基础设施建设与运营领域、水路运输装备领域、交通运输管理与服务能力建设领域、交通运输节能减排试点示范项目等六大领域。

交通运输系统涵盖了公路、铁路、水运、航空等多种运输方式，且各运输方式又拥有多种类型的交通工具，在燃油类型、能耗等方面存在较大的差异。因此，每种运输方式在结合整个交通领域节能减排路径及措施的情况下，根据自身用能种类、用能结构及用能特征的不同，采取了具有较强针对性的节能减排措施。

4.2.1 公路运输

(1) 提高机动车燃料效率。

继续严格实施营运车辆燃料消耗量限值标准。截至 2013 年底，累计发布 25 批达标车型，发布达标车型 3 万余个。2013 年，全国新进入营运市场的达标车辆共 294 万辆，节约燃油 166 万 t，减少 CO_2 排放 537 万 t。

通过加强 ATS（车辆恒温冷却系统）应用，提高机动车燃料效率。ATS 系统通过散热器、中冷器独立布置，设置多个独立电子风扇，通过调整电子风扇转速，从而调整换热器的换热效率，实时保证提供给发动机的水、气温度基本恒定，满足发动机最佳工作温度，实现较为理想的动力输出、较低的燃料消耗和较少的尾气排放。

以实施"车辆恒温冷却系统"的某运输集团为例，2013 年，该运输集团在所辖主城区 1000 辆公交车安装使用了 ATS 系统，实现每年节约天然气 168 万 m^3，折合 2040tce。

(2) 推广节能环保和新能源汽车。

加快推广节能和新能源汽车，推进汽车节能减排。2013 年 9 月 30 日，国家印发《关于开展 1.6 升及以下节能环保汽车推广工作的通知》，决定从 2013 年 10 月 1 日起，对 1.6L 及以下节能（环保）汽车开始实施第三轮补贴政策，与前两轮补贴政策相比，将"节能汽车"改为"节能环保汽车"，更加鼓励节能环保技术和产品；同时，排放标准更加严格，将点燃式汽车的限值加严 25％～35％，压燃式汽车的氮氧化物加严 28％，颗粒物加严 82％。截至 2013 年 9 月底，国家共发布 8 批节能汽车推广目录，合计 621 款车型，并发布 22 批达到第五阶段型式核准排放限值的新机动车型和发动机型。2013 年，中国新能源汽车产销分别达到 1.75 万辆和 1.76 万辆，同比增幅分别为 39.7％和 37.9％❶。

增程式电动车：是一种配有地面充电和车载供电功能的纯电驱动的电动汽车，整车运行模式可根据需要工作于纯电动模式、增程模式及电量保持模式。以某公交集团公司为例，该集团共投入使用 66 辆增程式电动公交车，节能减排效果明显，较之普通柴油车节油 35％左右，如在驾驶操作、运营组织等方面进行优化，节油率可超过 40％，同时，其在续航里程上与传统柴油车相

---

❶ 新华网，中国大力推广新能源汽车。

近。每辆车每年可节约柴油 8000L，减少 CO_2 排放 22 万 t。

无轨电车：无轨电车以电力驱动，运行过程中无排放，能耗低。以济南市为例，该市现有无轨电车线路 4 条，无轨电车 140 余辆，线路长度 42.5km，线网长度 35km，日运量 14.5 万人次。根据该市无轨电车发展规划，至 2020 年，该市将形成由 11 条走廊构成的"五横六纵"无轨电车网络布局，线网长度合计 170km，并在此基础上，规划开设 23 条无轨电车线路，构建"6 环 9 射"线路布局，线路总长度达 304km。根据测算，每年可节约标准煤 3233t，减少碳排放 1911t。

(3) 推进智能信息化交通运输体系建设。

大力推进智能信息化交通运输体系建设，进一步提升交通运输生产效率和服务水平。2012 年 7 月，中国交通运输部发布了《交通运输行业智能交通发展战略（2012－2020 年）》，为未来中国智能交通的发展指明了方向，2013 年智能交通总体市场规模增至 459.5 亿元。

智能交通是指在现有相对完善的交通基础设施上，将先进的信息技术、通信技术、控制技术、传感技术和系统综合技术有效地集成，并应用于地面运输系统，从而建立起大范围内发挥作用的实时、准确、高效的运输系统。据预测[1]，完善的智能交通系统可使路网运行效率提高 80%～100%，堵塞减少 60%，交通事故死亡人数减少 30%～70%，车辆油耗和 CO_2 排放量降低 15%～30%。

我国已应用智能交通技术，用于信息采集和发布、公共交通、停车管理、不停车收费（ETC）等方面。截至 2014 年 6 月，全国已建

---

[1] 王庆一，2013 年能源政策。

成 ETC 专用车道 7100 条，用户 700 万，每万次 ETC 可节油 314L，车辆在不停车收费过程中，可减排 CO_2 50% 以上。

> 智能集群调度：是指把公交传统管理与信息化、智能化高度融合，其核心是计划调度优化和现场运营组织，通过提高车辆运营效率，保证线路营运车辆准点、均衡、有序，减少无效耗能。以上海浦东新区为例，浦东公交现已在 600 辆车上应用智能集群调度，提高公交营运效率约 10%，效果明显，按当前 600 辆公交的规模，相当于增加了 60 辆公交车，可创造直接经济效益 1720 万元。

（4）加强节能新技术推广应用。

在公路及隧道推广自发光节能照明技术。利用吸储自然光后主动发光的新材料代替电力发光照明，解决农村公路夜间照明诱导问题，该技术可实现每年每公里节能 16.08tce，隧道部分每年每公里节能 220.6tce。该技术安装方便，成本低廉，可用于公路上需要提供夜间安全警示及标志诱导的路段。

推广特长公路隧道"双洞互补"式网络通风技术。利用"双洞互补"原理，以纵向通风辅以双向换气系统将两条隧道联系起来进行内部相互通风换气，用下坡隧道富裕的新风量弥补上坡隧道新风量的不足，使两条隧道内空气质量均满足通风要求。有效解决了长度为 4～7km 的特长公路隧道通风难题。该技术[1]年节能量约为 810toe。项目适用于 4～7km 长隧道工程，左右线隧道通风负荷应有较大差异，足以构建双洞换气系统。

（5）开展公路建设和运营节能。

---

[1]　交通运输部，交通运输行业首批绿色循环低碳示范项目。

重视公路在基础设施建设和运营领域的节能减排，深挖节能潜力，更加重视温拌沥青铺路技术应用。选择部分省市开展温拌沥青技术的试点推广应用，研究解决关键技术难题，建立温拌沥青技术规范体系；交通建设材料循环利用技术应用。大力推进沥青和水泥混凝土路面材料再生利用，废旧轮胎胶粉改性沥青筑路应用，粉煤灰、矿渣、煤矸石等工业废料在交通建设工程中应用；在高速公路服务区和公路收费站节能减排技术改造。对全国 100 个高速公路服务区、1600个收费站实施节能照明改造，并试点开展太阳能风光互补方式供电改造，建设低碳服务区。

成品温拌沥青及其混合料应用：在沥青生产过程中加入表面活性剂，制成"成品温拌沥青"，用来代替常规热沥青，直接拌制出温拌沥青混合料。温拌沥青混合料拌和温度相比传统沥青拌和可降低 30℃以上，每生产 1t 温拌沥青混合料可节约燃油 1.5～2.0kg，减排约 60％，切实减少施工对现场人员身体健康的危害。

废旧轮胎在公路工程中的综合应用：以废旧轮胎为生产加工原材料，通过胶粉加工、脱硫预处理等技术手段，生产路用橡胶粉沥青，同时对轮胎胶粉分离出的废钢丝进行再利用，制作纤维混凝土、导电混凝土等路面新材料。从 2010 年至今，已在广西隆林至百色高速公路、钦州至崇左高速公路连线上应用了约250km，共应用废旧轮胎橡胶沥青 26 600t，废旧轮胎胶粉 5000t，应用效果良好。

（6）推广绿色驾驶与维修工程。

大力推广绿色驾驶，组织实施绿色维修工程。总结和推广汽车绿色驾驶操作与管理经验、技术，组织编写汽车驾驶员绿色驾驶操作手册和培训教材，培养机动车驾驶员的节能减排意识和技能；大力推广车辆驾驶培训模拟装置，力争到"十二五"末，实现全国使用模拟器教学的驾培机构覆盖面达到75％以上；组织实施绿色维修工程，针对目前我国机动车维修业的环保状况，从机动车维修业的废物分类、管理要求、维修作业和废弃物处理等方面加强机动车维修的节能减排工作。

> 水性汽车修补漆：水性漆是指用水作溶剂或分散介质的涂料。不含苯、甲苯、二甲苯、甲醛、游离TDI（甲苯二异氰酸酯）及有毒重金属，对人体无害，不污染环境，使用水性漆可以有效减少VOC（挥发性有机化合物）的含量。使用水性面漆可以减少VOC使用量48％，使用水性底漆可以减少VOC使用量28％。项目每年可为1800辆次的汽车提供服务，使用水性漆后，稀料节约689L，总漆料成本支出节约20％，同时效率也大幅度提高。

（7）车联网。

将车联网技术应用于汽车。车载电子标签通过无线射频识别、卫星导航、移动通信、无线网络等设备，在网络信息平台上提取、利用所有车辆的属性信息，以及静、动态信息，对所有车辆的运行状态进行检测和监管，并提供多项服务，实现"人—车—路—环境"的和谐统一，对节能减排和行车安全有很大促进作用。我国已在智能公共交通、智能停车管理、不停车收费、车辆信息采集等方面应用车联网技术。2013年，全国已有50多万辆新车安装车载信息服务终端。

4.2.2 铁路运输

（1）构建节能型铁路运输结构。

大力发展电气化铁路。电气化铁路作为优化铁路能耗结构的重要措施，近年来在我国得到了快速发展。截至2013年底，全国电气化铁路营业里程达到 5.6 万 km,比上年增长 9.4%,电化率为 54.1%,比上年提高 1.8 个百分点❶。电气化铁路的发展优化了铁路能耗结构,"以电代油"工程取得积极进展。

优化牵引动力结构。根据相关测算结果❷,内燃机车牵引铁路与电力牵引铁路的能耗系数分别为 2.86 和 1.93,截至 2013 年底,全国铁路机车拥有量为 2.08 万台,比上年增加 38 台,其中内燃机车占 47.8%,电力机车占 52.1%,电力机车比重较上年再次上升。

(2)加强铁路运输基础设施节能。

采用节能型建筑设计站房。在车站设置转换开关式照明,站房、站台和车库顶部设置顶光窗,以减少照明用电力,在建筑物的顶棚上加隔热层、加双层玻璃,以节省空调耗电。

大力推广可再生能源利用。目前,国家在铁路客货枢纽和综合车站采用地源热泵、三联供热泵、太阳能等可再生能源的利用,推广中水利用和节能光源,提高高速铁路的资源综合利用效率。

以某省会城市铁路局为例,该铁路局在近年来共投资 1686.1 万元资金用于推广地源热泵技术 11 处,形成建筑面积 28 858m²。其中,投资 1186.1 万元,用于对原来用燃油锅炉采暖的 9 处进行改造为利用地源热泵技术进行采暖,共计采暖建筑面积 23 698m²,形成年节约燃油 425t,年节约电力 85 万 kW·h 的节能效果。

(3)提升铁路运营管理能力。

组织满载货物运输,提高机车运输效率。截至 2013 年底,国家铁路货运列车平均总重 3548t,提高 18t,增长 0.5%;全国铁路日均

---

❶ 铁道部,2013 年铁道统计公报。
❷ 高速铁路的节能减排效应,中国能源报第 24 版,2012 年 5 月 14 日。

装车完成 16.8 万车，增加 2410 车，增长 1.5%；国家铁路货车平均静载重完成 64.4t，提高 0.4t，增长 0.6%；货车周转时间完成 4.72 天，延长 0.04 天。

强化铁路行业的能耗计量管理，进一步完善能耗统计体系。加快节能监测组织体系建设，提高监测的系统能力；完善能耗考核体系，建立科学合理的考核指标形成机制，不断改进能耗考核的激励约束效力；机车用能实现全过程监控，消除跑、冒、滴、漏；提高乘务员操作水平，保持机车的经济运行；加强空调客车制冷、制热管理，采用自控装置，降低能耗。

4.2.3 水路运输

（1）加强船舶能耗实时监测。

加强船舶能耗实时监测，实现内河航运的能源管理。选取航运船舶作为监测对象，通过分析船舶燃料消耗影响因素，确定统计指标，通过整理本辖区船舶数据库，确定船舶燃料消耗统计调查方法、典型船舶及燃料消耗监测方法，将船舶燃料消耗模块纳入现有港航船舶综合监管系统，并根据船型选择合适的燃油监测设备，开发软件系统，实现对船舶能耗的实时监测。

工程船舶燃油智能化监控系统：该系统由船舶燃油智能化监控系统（管理端）、船舶燃油监控数据采集系统（船舶端）、GPRS（远程无线传输系统）、GPS 组成。借助电量传感器和速度传感器采集信号，通过无线网络将数据定时传送至岸基监控管理平台，系统可实现统计、分析、监控和指导生产的功能，对船机燃油实施科学化、数字化管控，年节能量 306toe，适于近岸施工的工程船舶进行推广应用。

（2）开展绿色循环低碳技术推广应用。

内河自航船舶节能减排操作法：包括降速航行节油法、单机运行节油法、抛锚节油法、经济航线节油法、正确操舵节油法、利用潮汐节油法、首侧推操作节油法等 7 种方法。目前，通过在某集团公司 37 条内河自航船上应用，可实现年节约柴油 2149t，折合 3131toe，减少 CO_2 排放 6791.91t，适合于内河自航船舶及长距离运输、航段水文条件较复杂的内河船舶。

水深维护无溢流耙吸疏浚技术：为解决传统耙吸疏浚方式存在的离心泵所吸疏浚土浓度低、溢流造成疏浚土二次排放等问题，天津港针对水深维护疏浚技术模式开展研究，创造性的提出了将无溢流耙吸疏浚技术应用到疏浚工程中，研发了一套国际先进的港口水深维护疏浚技术。2013 年采用该技术直接节约柴油 2524.97t，间接减少维护疏浚量 82.96m³，适于在各大港口推广应用。

绿色低碳循环技术的综合利用：以常州市为例，常州市航道管理处在丹金溧漕河金坛段航道整治项目中采用土方综合利用、水利设施共建、绿色廊道、水上混凝土运泵一体化、驳岸墙大模板小龙门移动模架等一系列绿色循环低碳技术，实现节能量超过 7000toe，节约建设成本 4000 多万元，经济效益显著。同时，资源综合利用、生态岸坡、绿色走廊等工程也产生了显著的环境和社会效益。

（3）完善港航组织管理。

加强船舶报港管理是完善港航组织管理的有效手段，而内河船舶免停靠报港信息服务系统的建设可有效解决传统的报港方式存在船舶停靠频繁、能源浪费严重、管理效率低下、易引起船舶碰撞等问题，通过船舶 GPS 终端、移动通信技术以及航道电子地图系统实现船舶免停靠，完成报港的各项功能，有效降低了运输成本，推进内河船舶运输节能减排工作的开展。

以实施"设施网格化管理系统"的天津港为例，天津港以北疆港区为试点开展网格化设施管理建设工作，运用信息化技术，完成基于工作流驱动的业务受理及协同工作应用、基于 GIS/GPS 的图形化引导应用、基于 3G 无线通信技术的移动终端应用等，实现了对港务设施的网格化管理，可实现年均直接节能量 12.41toe，适于在大型港口企业进行推广应用。

4.2.4 民用航空

（1）优化空域结构。

通过空域结构优化，改善机队结构，加强联盟合作等措施提高运输效率，降低单位产出能耗和排放量。2013 年，全行业在册运输飞机平均日利用率为 9.53h，比上年提高 0.38h；正班客座率平均为 81.1%，比上年提高 1.5 个百分点；正班载运率平均为 72.2%，比上年提高 1.6 个百分点。

优化调度临时航线，提高飞机运行效率。2013 年，航空公司使用临时航线约有 41.3 万架次，缩短飞行距离超过 1400 万 km，节约航油消耗 7.6 万 t，减少 CO_2 排放约 24 万 t。

（2）推广应用桥载设备替代飞机 APU。

桥载设备（GPU）主要包括静变电源和飞机地面专用空调。400Hz 桥载静变电源是将 380V/50Hz 市电转换成稳定的 115V/400Hz 电源，为飞机在地面停留期间提供电能的地面设备；飞机地面专用空调是在飞机靠桥期间为飞机客舱提供冷（热）空气的专用空调机组，而 400Hz 桥载电源和飞机地面专用空调依靠电力提供能源，在飞机靠桥期间可以关闭 APU，从而节省航空燃油。

2013 年在第一批 18 个机场实施"桥载设备替代飞机 APU"项目的基础上，继续推进其余 9 个符合条件的机场进入立项和可研审批程序。经测算，500 万人次以上机场全部使用桥载设备替代 APU 后，全行业每年将节省航空煤油 27 万 t，减少 CO_2 排放 85 万 t。

(3) 加强机场建设和地面服务节能。

加快建立和推行绿色机场建设标准，促进绿色机场的合理有序建设；在新建机场和既有机场改扩建中，建设单位要大力加强节能新技术的应用，优先采用高效率、低能耗的设计方案；加强地面服务节能，飞机在地面停放、检修或牵引飞机时，尽量少用引擎和辅助动力装置，尽可能使用电源车、气源车等设备为飞机提供电源，可以显著节省燃油。

4.3 节能效果

2013 年，我国交通运输业能源利用效率进一步提高，公路、铁路、水路、民航单位换算周转量能耗分别比上年下降了 4.74%、1.69%、4.86% 和 1.63%。按 2013 年公路、铁路、水运、民航换算周转量计算，2013 年与 2012 年相比，交通运输行业实现节能量 1851 万 tce。我国交通运输主要领域节能情况，见表 1-4-4。

表 1-4-4　　　我国交通运输主要领域节能量

类型	单位运输周转量能耗 [kgce/（万 t·km）]（换算）			2013 换算周转量（亿 t·km）	2013 年节能量（万 tce）
	2005 年	2012 年	2013 年		
公路	556	485	462	69 085	1589
铁路	55.9	47.4	46.6	39 770	32

续表

类型	单位运输周转量能耗 [kgce/（万 t·km）]（换算）			2013 换算 周转量 （亿 t·km）	2013 年 节能量 （万 tce）
	2005 年	2012 年	2013 年		
水运	50.8	43.2	41.1	86 597	182
民航	6190	5147	5063	576	48
合计					1851

注　1. 单位运输工作量能耗按能源消费量除换算周转量得出。

2. 换算周转量是将旅客周转量和货运周转量区分不同运输工具，按相应的换算比例换算成同一计量单位进行加总得到的旅客、货运周转量综合指标。

3. 电气化铁路用电按发电煤耗折标准煤。

4. 公路运输用油包括车用替代燃料，2010－2013 年分别为 753 万、886 万、1095 万和 1670 万 tce。

5. 公路运输换算比例：1t·km＝10 人·km；内河水运换算比例：1t·km＝3 人·km（座位），1t·km＝1 人·km（卧铺）；沿海、远洋水运换算比例：1t·km＝1 人·km；铁路运输换算比例：1t·km＝1 人·km；民航运输换算比例：1t·km＝13.9 人·km（国际航线为 13.3 人·km）。

数据来源：国家统计局；国家铁路局；交通运输部；中国电力企业联合会；中国汽车工业协会；中国汽车技术研究中心；中国石油集团经济技术研究院；金云，朱和，中国炼油工业发展现状与趋势，国际石油经济 2013，No.5，24-34；龚金双，2012 年我国石油市场特点分析及 2013 年展望，国际石油经济 2013，No.1-2，70-76；韦健，刘锐铭，我国燃料油市场 2012 年回顾及 2013 年展望，国际石油经济 2013，No.1-2，162-167；田明，中国船供油市场变化及发展建议，国际石油经济 2013，No.1-2，155-161。

5

全社会节能成效

本 章 要 点

(1) **全国单位 GDP 能耗逐年下降。** 2013 年，全国万元国内生产总值能源消费量为 0.737tce/万元（按 2010 年价格计算），比上年下降 3.54%，与 2010 年相比累计下降 8.89%。自 2006 年以来，我国 GDP 能耗一直呈下降趋势，其中 2010 年、2011 年、2012 年分别下降 2.97%、2.01% 和 3.60%。

(2) **全社会节能效果良好。** 2013 年，我国单位 GDP 能耗下降实现全社会节能量 13 782 万 tce，占能源消费总量的 3.68%，可减少 CO_2 排放 3.2 亿 t，减少 SO_2 排放 80.6 万 t，减少 NO_x 排放 89.0 万 t，减少烟尘排放 47.1 万 t。

(3) **工业部门仍是节能重点领域。** 工业、建筑、交通运输部门合计实现技术节能量至少 10 058 万 tce，占全社会节能量的 73.0%，其中工业部门实现节能量 5348 万 tce，占全社会节能量的 38.8%，仍是节能的主要领域；建筑部门实现节能量 2859 万 tce，占 20.7%；交通运输部门实现节能量 1851 万 tce，占 13.4%。

（一）全国单位 GDP 能耗

全国单位 GDP 能耗逐年下降。2013 年，全国万元国内生产总值能源消费量（单位 GDP 能耗，下同）为 0.737tce/万元（按 2010 年价格计算，下同），比上年下降 3.54%，与 2010 年相比累计下降 8.89%。自 2006 年以来，我国 GDP 能耗一直呈下降趋势，其中 2010 年、2011 年、2012 年分别下降 2.97%、2.01% 和 3.60%。2000 年以来我国单位 GDP 能耗及变动情况，见图 1-5-1。

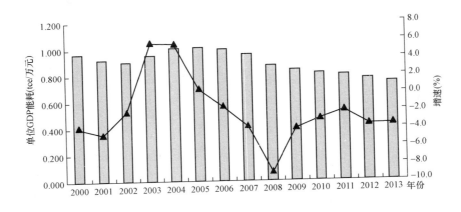

图 1-5-1　2000 年以来我国单位 GDP 能耗及变动情况

注：根据《2013 中国统计年鉴》中的 GDP 和能源消费数据测算。

（二）全社会节能量

根据全国 GDP、单位 GDP 能耗变动情况等数据测算，2013 年，我国单位 GDP 能耗下降实现全社会节能量 13 782 万 tce，占能源消费总量的 3.68%，可减少 CO_2 排放 3.2 亿 t，减少 SO_2 排放 80.6 万 t，减少 NO_x 排放 89.0 万 t，减少烟尘排放 47.1 万 t。

全社会节能量中，技术节能量为 10 058 万 tce，占全社会节能量的 73.0%；结构节能量为 3724 万 tce，占全社会节能量的 27.0%。

（三）技术节能量

2013 年与 2012 年相比，全国工业、建筑、交通运输部门合计现技术节能量至少 10 058 万 tce。分部门看，工业部门实现节能量 5348 万 tce，占全社会节能量 38.8%，仍是节能的主要领域；建筑部门实现节能量 2859 万 tce，占 20.7%；交通运输部门实现节能量 1851 万 tce，占 13.4%。2013 年主要部门技术节能情况，见表 1-5-1。

表 1-5-1　　　　2013 年我国主要部门节能量

部　门	节能量（万 tce）	占比（%）
工业	5348	38.8
建筑	2859	20.7
交通运输	1851	13.4
技术节能量	**10 058**	**73.0**
结构节能量	3724	27.0
全社会节能量	**13 782**	**100.0**

注　1. 节能量为 2013 年与 2012 年比较。
　　2. 建筑节能量包括新建建筑执行节能设计标准和既有住宅节能技术改造形成的年节能能力。

节 电 篇

1

电 力 消 费

本 章 要 点

(1) 全社会用电量增速有所回升。2013 年，全国全社会用电量 53 423 亿 kW•h，比上年增长 7.6%，增速比上年回升约 2.1 个百分点。

(2) 第二产业用电比重下降，第三产业、居民生活用电比重上升。2013 年，第二产业用电量 39 332 亿 kW•h，比上年增长 7.1%，增速同比上升约 3.2 个百分点，但增速低于全社会用电增速，所占比重下降 0.3 个百分点，达到 73.6%；第三产业和居民生活用电量分别为 6275 亿、6789 亿 kW•h，分别比上年增长 10.2%、8.9 %，占全社会用电量的比重分别为 11.7% 和 12.7%，均上升 0.2 个百分点。

(3) 工业用电量增速、高耗能行业用电量增速有所回升，轻工业用电量增速略低于重工业。2013 年，全国工业用电量 38 657 亿kW•h，比上年增长 7.0%，增速比上年提高 3.1 个百分点；受国内经济走势企稳的影响，高耗能行业用电增速有所回升，黑色金属、有色金属、化工和建材四大高耗能行业用电量合计 16 698 亿 kW•h，比上年增长 6.6%，增速回升 4.1 个百分点，其中建材和黑色金属行业用电量增速回升幅度较大；轻、重工业用电量分别增长 6.5%、7.1%，增幅比上年分别回升 2.2、3.3 个百分点。

（4）人均用电量保持快速增长，但仍明显低于发达国家水平。 2013 年，全国人均用电量和人均生活电量分别达到 3936、500kW·h，比上年分别增加 260、39kW·h；我国人均用电量已接近世界平均水平，但仅为部分发达国家的 1/4～1/2，人均生活用电量的差距更大。

1.1 全社会用电量

2013 年，全国全社会用电量达到 53 423 亿 kW·h，比上年增长 7.6%，增速上升 2.1 个百分点。全社会用电量增速实现回升的主要原因：一是政府宏观调控方式创新取得一定成效，在 2012 年电力消费基数偏低、2013 年市场预期好转的背景下，工业部门尤其是重点行业生产企稳甚至出现加速增长态势，对用电量增长的拉动作用显著；二是 2013 年夏季大部分地区持续高温天气较多，降温负荷得到充分释放，拉动用电需求快速增长，其中 8 月用电量增速达到 13.7%。2000 年以来全国用电量及增长情况，见图 2-1-1。

第二产业用电量增速有所提高，第三产业、居民生活用电量比重上升。2013 年，第二产业用电量 39 332 亿 kW·h，比上年增长 7.1%，增速同比上升约 3.2 个百分点，占全社会用电量的 73.6%，比重下降 0.3 个百分点；第三产业和居民生活用电量分别为 6275 亿、6789 亿 kW·h，分别比上年增长 10.2%、8.9%，占全社会用电量的比重分别为 11.7% 和 12.7%，均上升 0.2 个百分点。

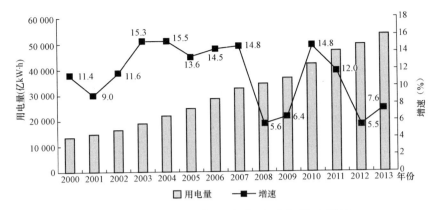

图 2 - 1 - 1　2000 年以来我国用电量及增速

其中，第二产业对全社会用电量增长的贡献率达到 69%，比上年上升 15.2 个百分点；居民生活、第三产业对全社会用电量增长的贡献率达到 14.9%、15.5%，比上年降低 8.4、7.3 个百分点。2013年全国三次产业及居民生活用电量增长及贡献率，如表 2-1-1 所示。

表 2 - 1 - 1　　　　　　　2013 年全国分产业用电量

产业	2012 年				2013 年			
	用电量（亿 kW·h）	同比增速（%）	结构（%）	贡献率（%）	用电量（亿 kW·h）	同比增速（%）	结构（%）	贡献率（%）
全社会	49 657	5.5	100	100	53 423	7.6	100	100
第一产业	1003	0	2	0	1027	2.3	1.9	0.6
第二产业	36 733	3.9	73.9	53.8	39 332	7.1	73.6	69
第三产业	5693	11.5	11.5	22.8	6275	10.2	11.7	15.5
居民生活	6228	10.7	12.5	23.3	6789	8.9	12.7	14.9

数据来源：中国电力企业联合会《电力工业统计资料汇编 2013》。

1.2　工业及高耗能行业用电量

工业用电量增速有所回升，但工业用电量增速低于全社会平均水平，轻工业用电量增速略低于重工业。2013 年，全国工业用电量

38 657 亿 kW·h, 比上年增长 7.0%, 增速比上年提高 3.1 个百分点; 其中轻、重工业用电量分别增长 6.5%、7.1%, 增幅比上年分别回升 2.2、3.3 个百分点。用电结构由 2012 年的 16.9：83.1 变化为 2013 年的 16.6：83.4, 重工业比重上升 0.3 个百分点。

高耗能行业用电量增速回升, 建材和黑色金属行业用电量增速回升幅度较大。2013 年, 受国内经济走势企稳的影响, 高耗能行业用电量增速有所回升, 黑色金属、有色金属、化工和建材四大高耗能行业用电量合计 16 698 亿 kW·h, 比上年增长 6.6%, 增速回升 4.1 个百分点。其中, 化工、有色行业用电量比上年增长 6.3% 和 5.7%, 增速下降约 2.5、2.0 个百分点; 建材和黑色金属行业主要产品产量增速明显回升, 增速较上年同期大幅提高 6.5、11.2 个百分点。

交通运输/电气/电子设备制造业用电增速略高于全社会平均水平。由于铁路和轨道交通建设进度加快, 2013 年交通运输/电气/电子设备制造业用电增速升至 7.1%, 增幅为 2.0 个百分点。2013 年我国主要工业行业用电情况, 见表 2 - 1 - 2 和图 2 - 1 - 2。

表 2 - 1 - 2　　　　2013 年主要工业行业用电情况

行　　业	用电量 (亿 kW·h)	增速 (%)	结构 (%)
全社会	53 423	7.6	100.0
工业	38 657	7.0	72.4
轻工业	6431	6.5	12.0
重工业	32 226	7.1	60.3
钢铁冶炼加工	5494	7.0	10.3
有色金属冶炼加工	4054	5.6	7.6
非金属矿物制品	3148	6.6	5.9
化工	4002	6.2	7.5

续表

行　　业	用电量 (亿 kW·h)	增速 (%)	结构 (%)
纺织业	1533	5.7	2.9
金属制品	1603	14.7	3.0
交通运输/电气/电子设备	2182	7.1	4.1
通用/专用设备制造	1152	6.6	2.2

注 结构中行业用电量比重是占全社会用电量的比重。

数据来源：中国电力企业联合会《电力工业统计资料汇编 2013》。

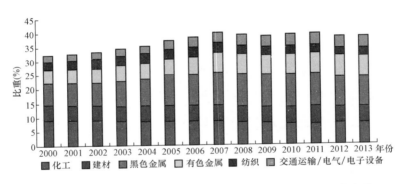

图 2-1-2　2000 年以来主要行业占全社会用电比重变化

1.3　各区域用电量

　　2013 年，在西部大开发等政策的带动下，受高耗能行业生产恢复等因素影响，西北地区用电增长 15.2%，在各区域中最快，增速高于全国平均水平 7.6 个百分点，比 2012 年提高 2.2 个百分点；其次是华东、华中、华北、南方地区，用电量增速分别为 8.0%、7.1%、6.3%、6.5%，增速同比分别提高 2.7、3.4、1.4、0.1 个百分点；高耗能产业和重型工业行业聚集的东北地区用电量增速为 4.6%，在各区域中最低，但比上年提高 1.5 个百分点。2013 年全国分地区用电量情况，如表 2-1-3 所示。

表 2-1-3　　　　　　　　全国分地区用电量

地区	2012 年		2013 年		
	用电量 （亿 kW·h）	比重 （%）	用电量 （亿 kW·h）	增速 （%）	比重 （%）
全国	49 657	100	53 423	7.6	100
华北	11 884	23.9	12 638	6.3	23.7
华东	12 085	24.3	13 049	8.0	24.4
华中	9026	18.2	9661	7.1	18.1
东北	3733	7.5	3907	4.6	7.3
西北	4585	9.2	5284	15.2	9.9
南方	8347	16.8	8886	6.5	16.6

数据来源：中国电力企业联合会《电力工业统计资料汇编 2013》。

2013 年用电量增长较快的省份主要集中于中西部地区。17 个省份用电量增速超过全国平均水平（7.6%），其中新疆（33.7%）、西藏（10.4%）、重庆（12.4%）、青海（12.3%）、安徽（12.3%）、云南（10.9%）、海南（10.0%）用电量增速均在 10% 以上。山西（3.8%）、吉林（2.6%）、黑龙江（2.1%）用电量增速较慢，均低于 4%。

1.4　人均用电量

2013 年，我国人均用电量和人均生活电量分别达到 3936、500kW·h，比上年分别增加 260、39kW·h。2005 年以来我国人均用电量和人均生活电量年均分别增长 10%、11.4%。2000 年以来我国人均用电量和人均生活用电量变化情况，见图 2-1-3。

当前，我国人均用电量已接近世界平均水平，但仅为部分发达国家的 1/4～1/2，而人均生活用电量的差距更大，不到美国的 1/10，如图 2-1-4 所示。

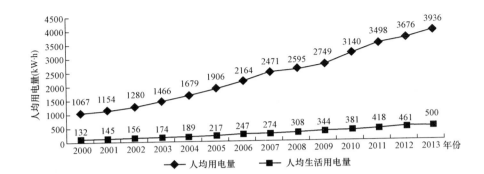

图 2-1-3　2000 年以来我国人均用电量和人均生活用电量

数据来源：中国电力企业联合会《电力工业统计资料汇编 2013》。

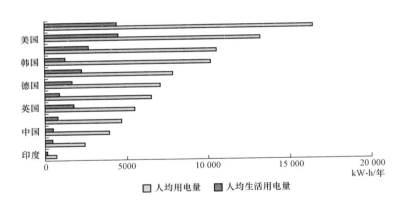

图 2-1-4　中国（2013 年）与部分国家（2011 年）

人均用电量和人均生活用电量对比

2

工 业 节 电

本 章 要 点

（1）煤炭开采洗选综合电耗明显增加，石油和天然气开采综合电耗下降。2013 年，煤炭开采洗选综合电耗约 25.8kW·h/t，比上年上升约 10.3%；石油和天然气开采综合电耗为 103kW·h/t，下降 18kW·h/t，实现节电 60.7 亿 kW·h。

（2）制造业主要产品中，钢、电解铝、水泥、平板玻璃、烧碱、化纤等产品单位电耗降低，个别产品出现上升。2013 年，钢生产综合电耗 465kW·h/t，比上年降低 9.8kW·h/t，实现节电量 76.3 亿 kW·h；电解铝生产综合交流电耗 13 740kW·h/t，降低 104kW·h，实现节电量 22.9 亿 kW·h；水泥生产综合电耗 87kW·h/t，降低 1.4kW·h/t，实现节电量 33.8 亿 kW·h；平板玻璃生产综合电耗 6.2kW·h/重量箱，降低 0.4kW·h/重量箱，实现节电量 3.1 亿 kW·h；烧碱生产综合电耗 2326kW·h/t，降低 33kW·h/t，实现节电量 9.4 亿 kW·h；化纤生产综合电耗 849kW·h/t，降低 29kW·h/t，实现节电量 11.9 亿 kW·h。

（3）厂用电率、线损率均略有下降。2013 年，全国 6000kW 及以上电厂综合厂用电率为 5.05%，比上年降低 0.05 个百分点，降幅比上年缩窄 0.24 个百分点。其中，水电厂厂用电率为 0.33%，与上年持平；火电厂厂用电率为 6.01％，下降 0.07 个百分点。全国线损率为 6.69％，比上年降低 0.05 个百分点。综合发电侧、电网侧节电效果，2013 年电力工业实现节电量 26.33 亿 kW·h。

(4) 工业部门实现节电量略有回落。2013 年与 2012 年相比，工业部门实现节电量至少为 244.6 亿 kW·h，比 2012 年工业部门节电量少 75.4 亿 kW·h。

2.1 综述

长期以来，工业是我国电力消费的主体，工业用电量在全社会用电量中的比重保持在 72％以上水平。2013 年工业用电量增速、高耗能行业用电量增速有所回升。2013 年全国工业用电量为 38 657 亿 kW·h，比上年增长 7.0％，增速比上年提高 3.1 个百分点，增速低于全社会平均水平。

2013 年，在工业用电量中，钢铁、有色金属、煤炭、电力、石油、化工、建材等重点耗能行业用电量占整个工业企业用电量的 60％以上。高耗能行业用电量增速回升，其中建材和黑色金属行业用电量增速回升幅度较大。

随着市场经济体制的不断成熟，市场竞争日益加剧，节能减排压力不断加大，国内大多数工业企业积极采取产业升级、技术改造、管理优化等一系列措施降本增效，取得了明显的成效，促使行业电耗指标不断下降。

2.2 钢铁工业节电

2013 年，钢铁工业用电量为 5494 亿 kW·h，比上年增长 7.0％，占全社会用电量的 10.3％。钢铁生产主要用电设备包括电动鼓风机、制氧机、电炉、轧机，此外还有水泵、空气压缩机等。钢铁企业主要耗电环节为冶炼、轧钢和能源（制氧，鼓风），分别约占总用电量的 1/3。

2013 年重点钢铁企业吨钢电耗为 474kW·h/t，比 2012 年减少 9.38kW·h/t，同比减少 1.98％。根据 2013 年钢铁产量测算，由于吨钢电耗的下降，2013 年钢铁行业相比 2012 年节约用电量约 72 亿 kW·h。

钢铁工业主要节电措施包括：

(1) 提高电气设备的效率。

提高电气设备的效率，主要是减少空载损耗、负载损耗和热损耗。最重要的措施是电动机变频调速技术，尤其是对水泵、风机进行变频调速，改变其输出功率，可带来巨大的节能和节电空间。

淄博张钢钢铁有限公司通过改变电鼓风调节风量方式，严格执行新工艺操作规程，吨铁可节约 5％电能；回收利用外排废气，充分利用到要求较低而且能满足要求的工艺环节，每年可节约风量 5 万 t，节约用电量 8 万 kW·h。

邯钢三炼钢厂设备管理科通过优化转炉汽化系统热水循环泵变频控制参数，降低了水泵运行电耗，每天可节约用电 2368kW·h；转炉汽化系统热水循环泵采用变频控制，在转炉炼钢时循环泵高速运行，不炼钢时循环泵低速运行，在保证转炉炼钢时烟道循环水量和蒸汽回收量的同时，水泵低速电流明显降低，由原来的 137A 降低到 90A，每天可节约用电量 2368kW·h。

(2) 提高电气系统功率因数。

更新改造用电设备并推广无功就地补偿，以电动机为例把电容器直接并联在电动机的出线端子上，该电动机所需的无功大部分由补偿电容器供给，电动机的有功部分仍由电源供给，这样既可减轻电源负担，提高电网输出功率，又能减少电能损耗。

对于老的电动机设备推广应用电动机无功末端就地补偿器，补偿后，电流可以下降 10%～20%、无功减少 40%～80%、功率因数提高到 92%～97%，平均节电在 20% 左右。

> 张钢轧钢厂通过调节设定好高压滤波及无功补偿装置，补偿高压侧无功功率，提高功率因数，节电效果显著。

（3）推广照明节电。

钢铁企业由于厂区面积较大，推广照明节电具有较好的节电效果。

> 杏山铁矿开拓作业区 281 台车前车大灯一直采用防眩泛光灯，故障率高、使用寿命短，有时一只灯泡用不了一个月就烧毁，费用开支不小，且更换费时费力，对生产作业及安全十分不利。将 281 台车前车大灯改为 LED 灯后，LED 灯比防眩泛光灯节能 2/3，寿命达 1 年以上，每台车年可降成本 2000 余元，同时能减少频繁更换时间，提高了台车作业效率。

（4）推广应用节电技术。

铁水热装：铁水是电弧炉内用高炉铁水代替部分废钢的熔炼工艺。随着兑入铁水比例的增加，冶炼电耗和冶炼周期大大降低，成本也会大幅度下降。2013 年重点统计钢铁企业电炉使用热铁水比例由上年的 640kg/t 降低到 571kg/t，造成吨钢综合电耗由 252.01kW·h/t 上升到 302.12kW·h/t。

废钢预热：输入电弧炉的能量 50％ 以上直接用在电弧炉炼钢生产过程中，其中 40％ 为损失热量，多为废气带走。电炉废气温度为 300～700℃，利用这些热量对废钢进行预热，可显著降低冶炼电耗。废钢预热每升温 100℃，可以降低电耗 37.5kW•h/t，冶炼时间也相应缩短。

集束氧枪技术：氧气以集束流行时喷射，吹入钢水深度比传统氧枪大 80％，大大提高氧气利用率，增加铁水使用量，大幅降低冶炼电耗。

泡沫渣技术：泡沫渣可使电弧对熔池的传热效率从 30％ 提高到 60％，电炉冶炼周期缩短 10％～14％，冶炼电耗降低约 22％，并能提高电炉炉龄，减少炉衬材料消耗。

2.3 有色金属工业节电

2013 年，有色金属行业用电量为 4054 亿 kW•h，比上年提高 5.6％。有色金属行业电力消费主要集中在冶炼环节，铝冶炼是有色金属工业最主要的耗电环节。2013 年，电解铝用电量占全行业用电量的 70.7％。有色金属行业电力消费情况，见表 2-2-1。

表 2-2-1　　　　　　　　有色金属行业电力消费情况

指　标	单位	2010 年	2011 年	2012 年	2013 年
有色金属行业用电量	亿 kW•h	3165	3560	3835	4054
电解铝用电量		2037	2354	2637	2865
有色金属行业用电量占全国用电量的比重	％	7.5	7.6	7.7	7.6
电解铝用电量占有色金属行业用电量的比重		64.4	66.1	68.8	70.7

数据来源：中国电力企业联合会。

2013 年，电解铝生产综合交流电耗为 13 740kW•h/t，比上年下降 104kW•h，节电 22.9 亿 kW•h。

2013 年，有色金属行业节电措施主要集中在淘汰落后产能、推广应用节电新技术和新工艺、提升企业自动化和信息化水平等三个方面。

(1) 淘汰落后产能。

通过大规模的技术改造，有色金属行业淘汰了一批落后生产工艺，延伸产业链，促进产品深加工。当前铝材产品、高精铜不仅可以满足国内需求，还可以大量出口。根据国家有关产业政策和标准，地方也加大了关停和淘汰落后力度。2013 年陕西省提前两年完成"十二五"淘汰落后产能总任务，江西、山东、河北等地均拆除落后产能生产线和主体设备。2013 年 10 月 15 日《国务院关于化解产能严重过剩的指导意见》指出，2015 年底前淘汰电解铝行业 16 万 A 以下预焙槽，对吨铝液电解交流电耗大于 13 700kW•h，以及 2015 年底后达不到规范条件的产能，用电价格在标准价格基础上上浮 10%。

(2) 研发应用节能新技术。

节能技术在促进行业绿色发展中发挥了核心作用。新型结构电解槽技术、低温电解及电解质成分优化技术、惰性电极铝电解新技术等开发应用，对促进行业节电发挥了重要作用。针对我国铝土资源的特点，有色金属行业研发成功先进的选矿拜耳法氧化铝生产技术。中铝公司选矿拜耳法已占氧化铝产量的 70% 以上。2012 年 160kA 以上的大型预焙槽电解铝产量已占电解铝总产量的 95%。铜冶炼推广了闪速冶炼技术，该技术的应用使产品能耗降低了 50% 以上。

自主研发 600kA 超大容量铝电解槽技术试验成功中铝公司历时 7 年自主研发，并于 2009 年列入国家 863 计划的重点项目——600kA 超大容量铝电解槽技术试验项目，分别通过了国家科技部和中国有色金属工业协会对该项目的技术验收与科技成果鉴定。专家称，该技术是具有自主知识产权的原创性大容量节能铝电解技术，符合产业发展规划，满足铝行业规范，是支撑我国铝工业科学发展的、具有里程碑意义的重大关键技术，整体技术达到国际领先水平。这标志着中铝公司在自主研发电解铝技术上又取得重大突破。600kA 超大容量铝电解槽技术是中铝公司科技发展规划中的一个重大科技专项，是由中铝国际沈阳铝镁设计研究院研发设计，并在中国铝业连城分公司建立试验厂进行工业试验、由中铝公司多家企业参与开展的一项国家 863 计划重点项目。600kA 超大容量铝电解槽工业试验重点围绕降低槽平均电压、降低原铝直流电单耗、提高电流效率等目标进行试验研究，着重解决困扰大型节能铝电解槽稳定性及操作稳定性的技术难题。

　　该项目在连城分公司已进行一年半时间的工业试验，试验表明，其生产运行平稳，原铝液吨铝直流电耗达到 12 136kW·h，成为世界上容量最大，能耗指标最低的电解槽技术。同时，围绕600kA 超大容量铝电解槽技术而开发的一些单项技术，已成功应用于 500kA 铝电解槽开发建设和其他等级的铝电解槽升级改造上，取得了显著的节电效果。

　　资料来源：中铝电解铝技术获重大突破，中国有色金属报 2014 年 2 月15 日。

（3）提升企业自动化和信息化水平。

　　工业和信息化部在 2011 年底发布的《有色金属工业"十二五"发展规划》中提出，要建立和完善有色金属工业信息化标准规范工作体系，通过技术改造提高企业生产自动化水平；鼓励企业建设信息化集成管理系统，推广使用企业资源计划（ERP）和生产制造执行系统（MES），提高管控效率。行业采取的措施包括对现有和新建生产线的进行信息化改造或设计，促进产业升级；推进 MES 示范工程和 APC 控制系统建设，提升自动控制水平，优化系统工艺参数，实现生产效率和效益的最大化；在企业建立能源管理中心，对能源利用情况进行实时监控，合理平衡调配，进一步降低能耗、提高能源利用效率、促进企业降本增效。

2.4 建材工业节电

（一）概述

2013 年，我国建材工业年用电量为 2832.4 亿 kW·h，同比下降 1.74%，如图 2-2-1 所示。建材工业占全社会用电量的比重为 5.3%，占工业行业用电量的比重为 7.4%，分别较上年下降了 0.6、0.7 个百分点。在建材工业的各类产品中，水泥制造业用电量比重最高，占建材工业用电量的 47.8%，是整个行业节能节电的重点。

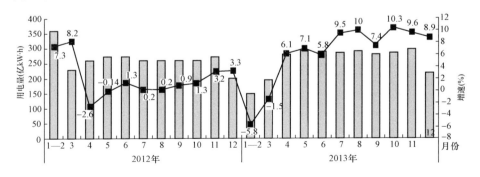

图 2-2-1 2012—2013 年各月建材工业用电量及增速

（二）主要节电措施

（1）增强输配电效率。①在输配电线路中采用三相负荷平衡技术，使系统运行时能够根据线路中电负荷的变化进行投切、合理的调整。②选择合适的变压器。目前市面上主要有节能型变压器、干式变压器两种。节能型变压器是目前新型低损耗节能变压器，空载电流在7%以下，短路损坏达到国家标准。干式变压器是我国工业领域主用变压器，能够为设备提供稳定电流，具有可靠、绿色、安全、节电等优点。

（2）减少电力损耗。在水泥生产线工程项目设计中，合理分布配电点，尽量靠近负荷中心。在生料粉磨站，水泥回转窑的头、尾部，水泥球磨机等处设立电气室，进行科学的变压器负荷率调度。在电缆布线时要优化线路铺设，减少弯路、迂回线路的产生，从而降低线路损耗。

（3）采用新型节电装置。在设计中注意运用新型节能设备，如在厂区使用的 LED 节能灯具，电子式荧光屏、节电整流器荧光灯等。我国水泥生产线的建设规模和技术成就正在不断扩大，很多大型水泥生产企业已经走到了世界领先的前列，这主要受益于先进的工艺和装备，受益于科学的电气设计和电气节能设备的运用。作为生产企业应该积极开发新的绿色环保技术与产品，不仅能够降低企业生产开支，还能够降低对环境的污染与消耗，造福社会。

（4）采用中压变频器。以 4000t 熟料生产线为例，生产中需要对大功率风机进行节能变频，中压变频器能够让回转窑系统节电 15%左右，一年能够帮助企业减少电费投入 100 万元以上，不仅能够保障生产线的安全运行，还能够提高设计的运转率和节电降耗水平。

（三）节电效果

2013 年，水泥生产用电 2102 亿 kW•h，同比增长 5.9%。水泥行业综合电耗约为 87.0kW•h/t，比上年降低 0.5kW•h/t，比 2005 年下降 4.9kW•h/t。根据 2013 年水泥产量（24.2 亿 t），计算得到由于水泥生产综合电耗的变化，2013 年与 2012 年相比，水泥生产年实现节电量 12.1 亿 kW·h。

2.5 石化和化学工业节电

2013 年，石油加工及石油制品业用电量为 635 亿 kW·h，比上年增长 13.9%；化学原料及化学制品业用电量为 4002 亿 kW·h，比上年增长 6.2%。化学原料及化学制品业的电力消费主要集中在合成氨、电石、烧碱和黄磷四类产品的生产用电上。

2013 年，合成氨、电石、烧碱单位产品综合电耗分别为 1035、3423、2326kW·h/t，比上年分别变化约 -2.5%、1.9%、-1.4%，其中烧碱的综合电耗微弱下降，而合成氨和电石的综合电耗出现小幅上升。根据产量及电耗水平测算，与 2012 年相比，2013 年烧碱生产实现节电量为 9.4 亿 kW·h，而合成氨和电石生产多使用电量 14.4 亿、14.1 亿 kW·h，主要化工产品单位综合电耗变化情况见表 2-2-2。

表 2-2-2　　主要化工产品单位综合电耗变化情况　　　　kW·h/t

产　品	2005 年	2010 年	2011 年	2012 年	2013 年
合成氨	1366	1116	1090	1010	1035
电石	3450	3340	3450	3360	3423
烧碱	2222	2200	2336	2359	2326

石油和化学工业主要的节电措施如下。

（一）合成氨

（1）日产千吨级新型氨合成技术。该技术设计采取并联分流进塔形式，阻力低，起始温度低，热点温度高，且选择了适宜的平衡温距，有利于提高氨净值，目前已实现装备国产化，单塔能力达到日产氨1100t，吨氨节电249.9kW，年节能总效益6374.4万元。

(2) 高效复合型蒸发式冷却技术。冷却设备是广泛应用于工业领域的重要基础设备，也是工业耗能较高的设备。高效复合型冷却器技术具有节能降耗、环保的特点，与空冷相比，节电率为30%~60%，综合节能率60%以上。

(3) 合成氨装置锅炉改造。指的是104-J汽改电项目，目前工业用电的平均电价为0.128元/（kW·h），按电动机平均负荷系数0.19计算，其年均运行费为28 212万元，所以在锅炉给水泵104-J汽改电项目实施后，年均可降低生产运行成本140万元。

(4) 双层甲醇合成成塔内件。新型的内件阻力小、电耗低、催化剂利用系数高，产能大幅增加，催化剂还具有自卸功能，使操作更加方便。这种技术适用于中小氮肥企业和甲醇生产企业技术改造和新上项目，也适用于将淘汰的低产能合成氨塔改造为甲醇合成塔。

(5) 节能型环保循环流化床锅炉。该设备可燃烧煤矸石、洗中煤、垃圾等劣质燃料，节省煤耗6%以上，节电30%以上，年运行时间7500h以上。

（二）电石

(1) 淘汰落后电石炉。国务院印发的《节能减排"十二五"规划》对电石行业提出了淘汰落后产能、加快采用密闭式电石炉和炉气综合利用、积极推进新型电石生产技术研发和应用的三大目标。"十二五"期间，我国将超额完成淘汰380万t电石落后产能的任务，并将1/3的大型内燃炉改造成密闭电石炉，改造的总产能达600万t，与此同时，新一轮的电石行业重大技术改造项目正在酝酿启动。淘汰落后电石炉是"十二五"电石行业节能减排任务的重中之重。2011年初，《电石行业"十二五"规划》提出了"淘汰单台炉容量小于12 500kV·A电石炉和开放式电石炉380万t"的目标。

2011 年全国共淘汰电石落后产能 138 万 t, 2012 年淘汰 112 万 t, 2013 年淘汰 113.8 万 t, 而且 2014 年已经定下淘汰 170 万 t 产能的任务, 四年加起来已经超过了"十二五"淘汰 380 万 t 电石落后产能的任务。

(2) 加快密闭式电石炉和炉气的综合利用。密闭炉烟气主要成分是 CO, 占烟气总量的 80% 左右, 利用价值很高。采用内燃炉, 炉内会混进大量的空气, CO 在炉内完全燃烧形成大量废气无法利用, 同时内燃炉排放的烟气中 CO_2 含量比密闭炉要大得多, 每生产 1t 电石要排放约 $9000m^3$ 的烟气, 而密闭炉生产 1t 电石烟气排放量仅为 $400m^3$ 左右 (约 170kgce), 吨电石电炉电耗可节约 250kW·h, 节电率为 7.2%。

(3) 高温烟气干法净化技术。该技术既可以避免湿法净化法造成的二次水污染, 也能够避免传统干法净化法对高温炉气净化的过程中损失大量热量, 最大程度地保留余热, 为进一步循环利用提供了稳定的气源, 提高了预热利用效率, 属于国内领先技术。经测算, 一台 33 000kV·A 密闭电石炉及其炉气除尘系统每年实现减排粉尘450 万 t, 减排 CO_2 气体 3.72 万 t, 节电 2175 万 kW·h, 折合煤 1.9 万 t, 直接增收 2036 万元。

(三) 烧碱

(1) 发展离子膜生产技术。离子膜电解制碱具有节能、产品质量高、无汞和石棉污染的优点。我国将不再建设年产 1 万 t 以下规模的烧碱装置, 新建和扩建工程应采用离子膜法工艺。如果我国的隔膜法制碱改造 100 万 t 为离子交换膜法制碱, 综合可节约标准煤 412 万 t。

(2) 采用扩张阳极、改性隔膜技术的金属阳极 (DSA) 隔膜电解槽。这是近年来氯碱工业中电解过程改进的新技术。理论上, 采用扩张阳极、改性隔膜每吨碱可节约直流电 147kW·h, 经济效益十分可观。

(3) 滑片式高压氯气压缩机。采用滑片式高压氯气压缩机耗电85kW·h，与传统的液化工艺相比，全行业每年可节约用电量23 750万 kW·h，同时还可以减少大量的"三废"排放。

(4) 新型变换气制碱技术。该技术依据低温循环制碱理论，将合成氨系统脱碳与联碱制碱两道工序合二为一，改传统的三塔一组制碱为单塔制碱，改内换热为外换热，省去了合成氨系统脱碳工序的投资，提高了重碱结晶质量，延长了制碱塔作业周期，实现了联碱系统废液零排放，降低阻力，节约能源，在单位综合能耗上处于领先水平。

2.6 电力工业节电

电力工业自用电量主要包括发电侧的发电机组厂用电以及电网侧的电量输送损耗两部分。2013 年，电力工业发电侧和电网侧用电量合计为5952亿 kW·h，比上年增加 7.0%，其中厂用电量为 2713 亿 kW·h，占全社会总用电量的 4.8%，线损电量为 3229 亿 kW·h，占全社会总用电量的 6.1%。

(1) 发电侧：2013 年，全国 6000kW 及以上电厂综合厂用电率为 5.05%，比上年降低 0.05 个百分点，降幅比上年缩窄 0.24 个百分点。其中，水电厂厂用电率为 0.33%，与上年持平；火电厂厂用电率为 6.01%，下降 0.07 个百分点。由于厂用电率的下降，2013 年实现节电量 26.33 亿 kW·h。

(2) 电网侧：2013 年全国线损率为 6.69%，比上年降低 0.05 个百分点。

综合发电侧、电网侧节电效果，2013 年电力工业实现节电量26.33 亿 kW·h。

电力工业的节电措施主要有：

（1）推进发电厂节能技术改造。通过各种发电设备技术改造，提高运行安全稳定性，降低发电煤耗和厂用电率。①减少空载运行变压器的数量。通常情况下，在火力发电厂中都会设置备用的变压器，而且对这种变压器的启动都是通过大容量的高压来完成的，这样就会大大增加空载的损耗量。在工程设计允许的范围内，合理地减少空载运行变压器的数量，可以在很大程度上降低由于变压器启动所消耗的电力资源。除此之外，为了有效实现节能降耗，低压厂用电接线尽量采用暗备用动力中心方式接线，这样可以确保每台变压器的负载损耗降为原有负载损耗的四分之一，能够充分实现节能降耗。②安装轻载节电器。这种措施主要是在空载或低负载运行的过程中，降低电动机的端电压，从而实现节能。这些节电技术的实施需要增加一些辅助回路，这将增大辅助机械产生故障的概率。因此，在选用时应结合设备运行情况，在保证机组运行安全的情况下合理选用。③降低照明损耗。采用高效率的照明灯具，对于没有防护要求的较清洁的场所，应首先选用开启型灯具；对于有防护要求的场所，应尽量采用透光性能好的透光材料和反射率高的反射材料，以保证有较高的效率。采用高效率、长寿命的电光源，在电厂照明设计中应选用 T8 细管荧光灯替代 T12 粗管荧光灯，用紧凑型节能荧光灯替代白炽灯，在显色性要求高的场所采用金属卤化物灯，在显色性要求不高的场所采用高压钠灯❶。

（2）挖掘输配电节电潜力。作为电网节能的一个重要着力点，输配电系统节电的潜力巨大。特高压输电、智能电网、提高配电网功率因数、推广节能变压器等，是输配电系统节能降耗的主要措施。

---

❶ 吕广兴，绿色照明在火力发电厂中的应用，内蒙古水利，2013 年第 1 期。

2013 年 9 月，世界首个通塔双回路特高压交流输电工程——皖电东送淮南—上海 1000kV 特高压交流工程投运，累计建成"两交两直"特高压工程；2013 年，哈密南—郑州 ±800kV 特高压直流工程首次 ±800kV 双极全解锁成功，溪洛渡左岸—浙江金华 ±800kV 特高压直流过程全线架通，浙江—福州特高压交流工程开始架线；新疆与西北联网第二通道工程、玉树鱼青海联网工程建成投运。

智能电网建设中的灵活交流输电技术，也是输电网节能降损的关键技术之一。2011 年输配电及节电技术国家工程研究中心（简称"工程中心"）在超高压灵活交流输电技术的研究及装备研制方面，亦取得了重大进展。工程中心承担的"移动式百兆乏级 STATCOM 关键技术研究"科技项目通过了国家电网公司的验收，达到了国际先进水平。

在配网节能技术方面，工程中心建立起基于企业配电网无功优化的能量监控与管理系统，最终达到了配电网功率因数大于 0.94、系统用能效率大于 90％、节能率不低于 8％的目标，顺利通过国家科技部的验收。项目已在济南钢铁股份有限公司运行示范半年多，在补偿无功功率、提高功率因数、稳定电压水平、降低系统网损等方面效果显著，这也标志着工程中心已掌握了大型工业企业电气综合节能的核心技术，推动我国配网节能技术的应用。

（3）合理配置高效能变压器。高效节能变压器的推广和使用是实现电网节能的重要手段之一。据估算，变压器的损耗可占电网总损耗的 40％以上，约占发电量的 3％。在节能变压器方面，非晶合金变压器具有突出优势，由于采用非晶合金作为铁芯材料，比硅钢变压器空载节能 60％～80％。因为配网变压器数量多，大多数又长期处于运行状态，因此这些变压器的效率即使只提高千分之一，也会节省大量电能。基于现有的实用技术，高效节能变压器的损耗至少可以节省 15%。

合理配置配电变压器，对于负荷分配不合理的台区可通过适当调整配电变压器的供电负荷，使各台区的负荷率尽量接近 75%，此时配变处于经济运行状态。在低压配电网的规划时，考虑该区的负荷增长趋势，准确合理选用配电变压器的容量。对于历史遗留运行中的高损耗变压器，逐步更换为低损耗变压器，减少配电网的变损，从而提高电网的经济效益。

(4) 降低管理线损。定期开展线损分析对于确保取得最佳的降耗目标和经济效益起着非常重要的作用。首先，要比较统计线损率与理论线损率，如果统计线损率过高，说明电力网漏电严重或管理方面存在较多问题。其次，理论线损率与最佳线损率比较，如果理论线损率过高就说明了电力网结构或布局不合理，电力网运行不经济。最后，固定损耗与可变损耗对比，如果固定损耗所占比例较大，就说明了线路处于轻负荷运行状态，配电变压器负荷率低或者电力网长期在高于额定电压下运行。

这就需要从上到下建立起有技术负责人参加的线损管理队伍，定期进行线损分析，及时制订降损措施实施计划；搞好线损理论计算工作，推广理论线损在线测量，及时掌握网损分布和薄弱环节；制定切实可行的网损率计划指标，实行逐级承包考核，并与经济利益挂钩；搞好电网规划设计和电网改造工作，使网络布局趋于合理，运行处于经济状态；加强计量管理，落实有关规程。

2.7 节电效果

根据采矿业、制造业主要行业和电力工业主要产品电耗以及产量情况，经测算，2013 年煤炭、原油、天然气、钢、电解铝、水泥、平板玻璃、合成氨、烧碱、电石等重点高耗能产品生产用电量合计约

13 067 亿 kW·h，再加上发电厂厂用电及输电损耗 5942 亿 kW·h，合计占工业用电量的 49.4%。2013 年我国主要高耗能产品电耗及生产用电量，见表 2-2-3。

表 2-2-3　　2013 年我国主要高耗能产品电耗及生产用电量

产品	单位产品电耗		产量		终端用电量（亿 kW·h）
	单位	数值	单位	数值	
煤炭开采洗选	kW·h/t	25.8	亿 t	36.8	949.4
石油和天然气开采	kW·h/t	103	亿 toe	3.374	347.5
钢	kW·h/t	465	亿 t	7.79	3622.4
电解铝	kW·h/t	13 740	万 t	2206	3031.0
水泥	kW·h/t	87	亿 t	24.16	2101.9
平板玻璃	kW·h/重量箱	6.2	亿重量箱	7.8	48.4
合成氨	kW·h/t	1035	万 t	5745	594.6
烧碱	kW·h/t	2326	万 t	2859	665.0
电石	kW·h/t	3423	万 t	2234	764.7
纸和纸板	kW·h/t	521	万 t	11 368	592.3
化纤	kW·h/t	849	万 t	4120	349.8
合　　计					13 067

注　烧碱电耗为离子膜和隔膜法加权平均数。

数据来源：国家统计局；国家发展改革委；工业和信息化部；中国煤炭工业协会；中国电力企业联合会；中国钢铁工业协会；中国有色金属工业协会；中国建材工业协会；中国化工节能技术协会。

2013 年与 2012 年相比，上述高耗能产品中，煤炭、原油、天然气、电解铝、水泥、平板玻璃、合成氨、电石、化纤等产品单位电耗降低，根据电耗与产量测算，合计节电 218.3 亿 kW·h；此外，电力工业由于厂用电率和线损率降低实现节电量 26.3 亿 kW·h。由此测算，2013 年与 2012 年相比，工业部门节电量至少为 244.6 亿 kW·h。

我国重点高耗能产品电耗及节电量，见表 2-2-4。

表 2-2-4　　我国重点高耗能产品电耗及节电量

类别	产品电耗					节电量（亿 kW·h）
	单位	2010 年	2011 年	2012 年	2013 年	2013 年比 2012 年
煤炭开采和洗选	kW·h/t	24	24	23.4	25.8	—
石油和天然气开采	kW·h/t	121	127	121	103	60.7
钢	kW·h/t	448	474.5	474.8	465	76.3
电解铝	kW·h/t	13 979	13 913	13 844	13 740	22.9
水泥	kW·h/t	89	89	88.4	87	33.8
平板玻璃	kW·h/重量箱	7.1	6.7	6.6	6.2	3.1
合成氨	kW·h/t	1116	1090	1010	1035	—
烧碱	kW·h/t	2203	2336	2359	2326	9.4
电石	kW·h/t	3340	3450	3360	3423	—
纸和纸板	kW·h/t	545	527	511	521	—
化纤	kW·h/t	967	951	878	849	11.9
合　　计						218.3

数据来源：国家统计局；国家发展改革委；工业和信息化部；中国煤炭工业协会；中国电力企业联合会；中国钢铁工业协会；中国有色金属工业协会；中国建材工业协会；中国化工节能技术协会；中国造纸协会；中国化纤协会。

3

建 筑 节 电

本 章 要 点

（1）**建筑领域用电量占全社会用电量的比重提高。** 2013 年，全国建筑用电量为 13 064 亿 kW·h，比上年增长 9.7%，占全社会用电量的 24.5%，比重提高 0.5 个百分点。

（2）**2013 年建筑领域实现节电量 1297 亿 kW·h。** 2013 年，建筑领域通过对新建建筑实施节能设计标准，对既有建筑实施节能改造，推广绿色节能照明、高效家电，以及大规模应用可再生能源等节电措施，实现节电量 1297 亿 kW·h。其中，新建节能建筑和既有建筑节能改造实现节电量 276 亿 kW·h，推广高效照明设备实现节电量 471 亿 kW·h，推广高效家电实现节电量 550 亿 kW·h。

3.1 综述

随着社会发展，我国城镇化进程加快，为适应人口的快速增长以及满足人民生活水平的需要，近年来我国年新增建筑规模居高不下，竣工面积约达 35 亿 m²，居全球首位。巨大的新增建筑规模必然带来能耗和电耗的增加。

2013 年，全国建筑领域用电量为 13 064 亿 kW·h，比上年增长 9.7%，占全社会用电量的比重为 24.5%，比重提高 0.5 个百分点。

我国建筑部门终端用电量情况，见表 2-3-1。

表 2-3-1 　　　　我国建筑部门终端用电量 　　　　亿 kW·h

类　别	2010 年	2011 年	2012 年	2013 年
全社会用电量	41 923	46 928	49 657	47 337
其中：建筑用电	9622	10 727	11 909	12 772
其中：民用	5125	5646	6219	6789
商业	4497	5082	5690	1877

数据来源：中国电力企业联合会；国家统计局。

3.2 主要节电措施

(1) 实施新建节能建筑和既有建筑节能改造。

2013 年，新建建筑执行节能设计标准形成节能能力 1300 万 tce，既有住宅节能改造形成节能能力 246 万 tce。根据相关材料显示建筑能耗中电力比重约为 55%，由此可推算，2013 年新建节能建筑和既有建筑节能改造形成的节电量约为 276 亿 kW·h。

(2) 推广绿色照明。

我国照明用电量约占全社会用电量的 13%，采用高效照明产品替代白炽灯节能效果显著，逐步淘汰白炽灯对于促进我国照明电器行业结构优化、推动实现"十二五"节能减排目标具有重要意义。

近年来我国绿色照明推广取得了巨大成果。节能灯产量从 2001 年的 6.6 亿只增长到 2013 年的 44.5 亿只，产量增长了 6 倍；节能灯与白炽灯的产量比从 2001 年的 1∶3.5 增长到 2013 年的 1∶0.96。根据 2013 年国内照明灯具产量 44.5 亿只计算，除去出口和用于替换旧有灯具的部分，可以推算出 2013 年推广绿色照明可实现年节电量约 471 亿 kW·h。

（3）推广高效家电。

建筑能耗所涉及的各个能源品种中，电能消费的城乡差异相对较大，这与居民生活水平以及日用家电产品的拥有量密不可分。2013年我国彩色电视机产量突破1.4亿台，同比增长0.4%，彩电市场销量增幅较大，达到8.4%，总销量达到4710万台。2013年空调行业全年总出货量11 133万台，同比上涨6.8%；其中，内销6235万台，同比上涨9.1%，出口4897万台，同比上涨4.3%。2013年全年生产冰箱压缩机11 509万台，销售冰箱压缩机11 456万台，分别同比增长4.2%和4.8%，同比增速相比上年下降明显。国内洗衣机2013年销量呈现出迅猛的恢复性增长态势，整体销量为1930万台，重点城市销量1330万台，同比增长15.78%，销售额则同比增长23.7%；农村市场销量为600万台，已经恢复到2011年的水平。2013年，我国共生产微型计算机3.37亿台，同比下降4.9%，其中笔记本2.73亿台，同比增长7.9%。

我国是家电生产和消费大国，据有关机构统计，家电年耗电量占全社会居民用电总量的80%，据此推算，2013年我国家电耗电约超过5400亿kW·h，尤其在我国进入全面建设小康社会、城镇化快速推进、城乡居民消费加速升级的时期后，节能家电的消费潜力将进一步释放。

2013年，继家电下乡和家电以旧换新政策到期之后，6月节能家电补贴政策也如期退出市场。截止到"节能产品惠民工程"结束，2013年，中央财政已拨付补贴资金122亿元，推广五类节能家电6500多万台，拉动消费需求超过2500亿元。按照已推广的21 500多万台节能家电计算，每年可节电约550亿kW·h❶。

---

❶ 来源：财政部网站，"节能产品惠民工程"取得显著成效。

(4) 大规模应用可再生能源。

可再生能源的广泛应用为建筑节能提供了"节流"手段以外的另一途径——"开源"，主要体现在为建筑增加自用能源的生产能力，在一定范围内自产自用。

"十二五"期间国家将会着力推广新能源模块化应用，仅屋顶太阳能发电一项，发展前景就极为可观。截至 2013 年底，全国城镇太阳能光热应用面积为 27 亿 m^2，浅层地能应用面积为 4 亿 m^2，光电建筑已建成及正在建设装机容量达到 1875MW。可再生能源建筑应用示范市县项目总体开工比例为 81%，完工比例为 51%。北京、天津、河北、山西、江苏、浙江、宁波、山东、湖北、深圳、广西、云南等 12 个省市的示范市县平均完工率在 70% 以上，共有 28 个城市、54 个县、2 个镇和 10 个市县追加任务完工率在 100% 以上。山东、江苏两省省级重点推广区开工比例分别达到 136% 和 112%，完工比例为 44% 和 24%。

3.3 节电效果

由于建筑节电涉及的技术种类庞杂、用电设备类型广泛、地区特点差异较大，因此全面对建筑节电进行统计相对困难。考虑到家用电器、照明设备等用电装置在建筑用电量中比重较高，在总结建筑节电效果时，主要考虑这些设备的高能效产品的推广情况以及可再生能源在建筑领域的应用情况。

2013 年，新建节能建筑和既有建筑节能改造实现节电量 276 亿 kW·h，推广应用高效照明设备实现节电量 471 亿 kW·h，推广高效家电实现节电量 550 亿 kW·h。经汇总测算，2013 年建筑领域实现节电量 1297 亿 kW·h。我国建筑领域节电量情况，见表 2-3-2。

表 2 - 3 - 2　　　　　　我国建筑领域节电量情况统计　　　　亿 kW·h

类　　别	2010 年	2011 年	2012 年	2013 年
新建节能建筑和既有建筑节能改造	—	257	222	276
高效照明设备	230	462	192	471
高效家电	560	337	384	550
总　　计	790	1056	799	1297

注　建筑节电量统计不包括建筑领域可再生能利用量。

数据来源：《2012 中国节能节电分析报告》；《2013 年全国住房城乡建设领域节
　　　　　能减排专项监督检查节能建筑检查情况通报》；《2013 年度中国洗衣
　　　　　机市场白皮书》。

4

交 通 运 输 节 电

本 章 要 点

(1) 电气化铁路是我国交通运输行业节电主要领域。截至 2013 年底，我国电气化铁路里程达到 3.6 万 km，比上年增长 1.4%，电气化铁路营业里程达到 5.6 万 km，比上年增长 9.4%，电气化率为 54.1%，比上年提高 1.8 个百分点。2013 年，全国电气化铁路用电量为 358 亿 kW·h，比上年增长 7.8%，占交通运输业用电总量的 68%。

(2) 交通运输业节电措施主要集中在技术改进及管理水平提升方面。主要节电措施包括提高机车牵引吨位、推行交流传动方式、推广机车直供电技术、加强运营管理、引入新能源发电、加强基础设施及运营领域节能等。

(3) 2013 年电气化铁路实现节电量为 4772 万 kW·h。2013 年，电力机车综合电耗为 101.9kW·h/（万 t·km），比上年下降 0.2kW·h/（万 t·km）。根据电气化铁路换算周转量计算，电气化铁路实现节电量 4772 万 kW·h。

4.1 综述

在交通运输领域的公路、铁路、水路、航空四种运输方式中，电气化铁路用电量最大。

近年来，随着电气化铁路快速发展，用电量也逐年上升。截至2013 年底，我国电气化铁路里程达到 3.6 万 km，比上年增长 1.4％，电气化铁路营业里程达到 5.6 万 km，比上年增长 9.4％，电气化率为 54.1％，比上年提高 1.8 个百分点❶。初步形成了布局合理、标准统一的电气化铁路运营网络。近年来，我国高速铁路发展迅速，截至2013 年底，我国高铁营业里程达 1.1 万 km，居世界第一位；全国电力机车拥有量为 1.08 万台，占全国铁路机车拥有量的 52.1％。其中，和谐型大功率机车 7017 台，比上年增加 972 台。

2013 年，我国电气化铁路用电量约为 358 亿 kW·h，比上年增长7.8％，占交通运输业用电总量的 68％。

4.2 节电措施

交通运输系统中，电气化铁路是主要的节电领域。提高机车牵引吨位、推行交流传动方式、推广机车直供电技术、加强运营管理、引入新能源发电、加强基础设施及运营领域节能是实现电气化铁路节电的有效途径。

(1) 提高机车牵引吨位。

积极开展电力牵引技术创新，提高机车牵引吨位。近年来，我国加强电力牵引技术研发，提高机车牵引吨位，努力降低机车单位电能消耗。其中，2013 年 4 月 8 日，由北车集团大同电力机车有限责任公司自主研制的我国新一代和谐型大功率电力机车试制竣工并成功下线。该型电力机车轴重达到 30t，机车总功率达 9600kW，既可以在已有铁路线上采用 27t 轴重方式运行，也可以在专用铁路线上采用

---

❶ 铁道部，2013 年铁道统计公报。

30t 轴重方式运行，牵引能力比现有同功率和谐型电力机车高出20％，一举将我国铁路货车单节车厢的载重能力由"70～80t 时代"❶跃升至"百吨时代"，使得单位吨位货物的能耗水平实现了有效降低，更加节能环保。

（2）推行交流传动方式。

交流传动机车可单独对每个牵引电动机输入电流和电压进行控制，具有很好的防空转能力，黏着利用率很高。我国不断加大交流传动电力机车的研发力度。北车集团大同电力机车有限责任公司针对神华集团神朔铁路的实际路情路况研制了"八轴大功率交流传动电力机车"，该型机车总功率为 9600kW，最高时速为 120km，特别适用于区域性大宗货物进出和煤炭、石油等资源的铁路通道重载运输。

（3）推广机车直供电技术。

采用集中供电、分散变流的供电方式，由机车向客车直接供电，用于采暖、制冷、照明等客车用电，该技术能源利用效率高、损耗少。

（4）加强运营管理。

改进电气化铁路线路质量。铁路线路条件是影响电力机车牵引用电的重要因素之一，做好铁路运营线路的合理设计、建设、维护，将有助于提高机车运行效率，减少用电损失。根据《中长期铁路网调整规划方案》，至 2020 年，我国铁路电气化率预计达到 60％以上，在高覆盖率下，铁路线路质量的管理维护对提高机车用电效率的影响将更为明显。

加强牵引供电系统运营管理。电气化铁路牵引供电设备的运行管理是实现节电的重要环节。通过制定科学细致的用电管理办法、细化

---

❶ 中国铁路新生代"超级大力士"在北车诞生，国务院国有资产监管委员会网站。

用电管理措施、采取合理的节能用电调度方式等途径来加强管理，实现节电。

（5）引入新能源发电。

在交通领域引入新能源发电。利用光伏发电原理制成太阳能电池，将太阳能技术引入公交车候车亭的试点建设。以广州市为例，目前已经在天河区、海珠区、白云区等地共 16 座候车亭进行了太阳能技术的应用，每座太阳能候车亭预计年节电量为 1635.2kW•h，16 座太阳能候车亭年节省用电量共 2.62 万 kW•h，节电效果显著。

（6）加强基础设施及运营领域节能。

加强交通运输用能场所的用电管理，如对车站、列车的照明、空调、热水、电梯等采取节能措施，并根据场所所需的照明时段采取分时、分区的自动照明控制技术；在站内服务区、站台等区域推广使用 LED 灯，均能有效地实现节电。

4.3 节电效果

2013 年，电力机车综合电耗为 101.9kW•h/（万 t•km），比上年下降了 0.2kW•h/（万 t•km）。根据电气化铁路换算周转量（23 862 亿 t•km）计算，相比 2012 年，2013 年电气化铁路实现节电量至少为 4772 万 kW•h。

5

全社会节电成效

本 章 要 点

(1) **全国单位 GDP 电耗同比下降，多年来看呈波动变化态势。** 2013 年，全国单位 GDP 电耗为 1050kW·h/万元，比上年下降 0.06%，与 2010 年相比累计上升 0.60%。"十一五"以来，我国单位 GDP 电耗水平呈波动变化趋势。其中，2006、2007 年比上年分别上升 2.56% 和 1.88%，2008、2009 年分别下降 7.53% 和 2.91%，2010、2011 年分别上升 4.89% 和 2.62%，2012、2013 年又呈现下降趋势。

(2) **各地区单位 GDP 电耗以下降为多。** 2013 年，全国除了新疆、内蒙古、安徽、重庆、青海等 5 个省（区、市）单位 GDP 电耗上升，其余各省（区、市）均不同程度下降，这 5 个省（区、市）分别上升 20.04%、2.07%、1.50%、1.29%、1.21%。下降幅度最大的三个省（区、市）为贵州、吉林和湖南，分别下降 7.92%、5.60%、4.44%。

(3) **全年节电效果较好。** 2013 年与 2012 年相比，我国工业、建筑、交通运输部门合计实现节电量 1542.0 亿 kW·h。其中，工业部门节电量至少为 244.6 亿 kW·h，建筑部门节电量为 1297.0 亿 kW·h，交通运输部门节电量至少为 0.5 亿 kW·h。按照 2013 年的供电煤耗 320.97gce/（kW·h）测算，节电量相应减排 CO_2 0.9

亿 t，减排 SO$_2$ 27.6 万 t，减排 NO$_x$ 29.6 万 t，减排烟尘 4.8 万 t。

（4）节电在节能工作中贡献较大。 2013 年，通过节电而实现的节能量占社会技术节能量的比重约为 50%。

（一）单位 GDP 电耗

（1）全国单位 GDP 电耗。

全国单位 GDP 电耗下降，多年来看呈波动变化趋势。2013 年，全国单位 GDP 电耗 1050kW·h/万元，比上年下降 0.06%[1]，与 2010 年相比累计上升 0.60%。"十一五"以来，我国单位 GDP 电耗水平呈波动变化趋势。其中，2006、2007 年比上年分别上升 2.56% 和 1.88%，2008、2009 年分别下降 7.53% 和 2.91%，2010、2011 年分别上升 4.89% 和 2.62%，2012、2013 年又呈现下降趋势。2000 年以来我国单位 GDP 能耗及变动情况，见图 2-5-1。

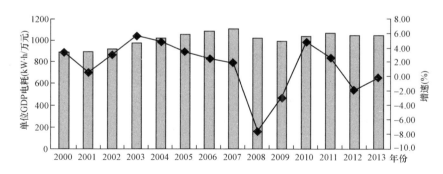

图 2-5-1　2000 年以来我国单位 GDP 电耗及变动情况

注：根据国家统计局《2014 中国统计年鉴》GDP 和中国电力企业联合会《电力工业统计资料汇编 2013》用电量数据测算。

---

[1] GDP 数据来自《2014 年中国统计年鉴》，用电量数据来自《电力工业统计资料汇编 2013》。

(2) 分地区单位 GDP 电耗。

2013 年，全国除了新疆、内蒙古、安徽、重庆、青海等 5 个地区单位 GDP 电耗上升，其余地区均不同程度地下降，这 5 个地区分别上升 20.04%、2.07%、1.50%、1.29%、1.21%。下降幅度最大的三个地区为贵州、吉林和湖南，分别下降 7.92%、5.60%、4.44%。2013 年各地区单位 GDP 电耗变动情况，见表 2-5-1。

表 2-5-1　　2013 年各地区单位 GDP 电耗变动情况　　　　　%

地区	单位 GDP 电耗同比上升	地区	单位 GDP 电耗同比上升
北 京	-4.2	河 南	-2.9
天 津	-3.8	湖 北	-2.5
河 北	-0.8	湖 南	-4.4
山 西	-0.3	广 东	-4.0
内蒙古	2.1	广 西	-2.7
辽 宁	-3.0	海 南	-0.1
吉 林	-5.6	重 庆	1.3
黑龙江	-2.8	四 川	-3.2
上 海	-2.6	贵 州	-7.9
江 苏	-1.1	云 南	-2.4
浙 江	-0.8	陕 西	-2.7
安 徽	1.5	甘 肃	-2.7
福 建	-2.5	青 海	1.2
江 西	-1.4	宁 夏	-0.2
山 东	-1.6	新 疆	20.0

　　注　1. GDP 按照 2010 年价格计算。

　　　　2. 西藏的数据暂缺。

数据来源：国家统计局《2014 中国统计年鉴》。

（二）节电量

2013 年与 2012 年相比，我国工业、建筑、交通运输部门合计实现节电量 1542.0 亿 kW·h。其中，工业部门节电量至少为 244.6 亿 kW·h，建筑部门节电量为 1297.0 亿 kW·h，交通运输部门节电量至少为 0.5 亿 kW·h。按照供电煤耗 320.97gce/（kW·h）来测算，节电量可减少 CO_2 排放 0.9 亿 t，减少 SO_2 排放 27.6 万 t，减少 NO_x 29.6 万 t，减少烟尘排放 4.8 万 t。2013 年我国主要部门节电量见表 2 - 5 - 2。

表 2 - 5 - 2　　　　2013 年我国主要部门节电量

部　　门	节电量（亿 kW·h）	比重（%）
工业	244.6	15.9
建筑	1297.0	84.1
交通运输	0.5	0.03
总　　计	1542.0	100.0

注　1. 工业节电量根据所统计产品 2013 年与 2012 年电耗变化测算。

　　2. 交通运输节电量为 2013 年与 2012 年相比电气化铁路实现节电量。

附 录 1 能源和电力数据

附表 1-1　中国能源与经济主要指标

类　别		1995 年	2000 年	2005 年	2010 年	2011 年	2012 年	2013 年
人口（万人）		121 121	126 743	130 756	133 920	134 735	135 404	136 072
城镇人口比重（%）		29.0	36.2	43.0	49.7	51.3	52.6	53.7
GDP 增长率（%）		10.9	8.4	11.3	9.2	9.3	7.7	7.7
GDP（亿元）		60 794	99 215	184 937	401 513	473 104	519 470	568 845
经济结构（%）	第一产业	19.9	15.1	12.1	10.1	10.0	10.1	10.0
	第二产业	47.2	45.9	47.4	46.7	46.6	45.3	43.9
	第三产业	32.9	39.0	40.5	43.2	43.4	44.6	46.1
人均 GDP（美元/人）		604	949	1808	4425	5375	6078	6750
一次能源消费量（Mtce）		1311.8	1455.3	2360.0	3249.4	3480.0	3617.0	3750.0
原油进口依存度（%）		-1.1	26.4	36.4	54.5	55.1	56.4	56.5
城镇居民人均可支配收入（元）		4283	6280	10 493	19 109	21 810	24 565	26 955
农村居民家庭人均纯收入（元）		1578	2253	3255	5919	6977	7917	8896

续表

类　别		1995 年	2000 年	2005 年	2010 年	2011 年	2012 年	2013 年
人均住房面积(m²)	城市(建筑面积)	16.3	20.3	27.8	31.6	32.7	32.9	—
	农村(居住面积)	21.0	24.8	29.7	34.1	36.2	37.1	—
民用汽车拥有量(万辆)		1040.0	1608.9	3159.7	7801.8	9356.3	10 933.1	12 670.1
其中：私人载客汽车		114.2	365.1	1383.9	4989.5	6237.5	8838.6	10 501.7
人均能耗(kgce)		1083	1148	1805	2426	2583	2671	2756
居民家庭人均生活用电(kW·h)		83	132	217	380	417	459	499
能源工业固定资产投资(亿元)		2369	2840	10 206	20 899	23 046	25 500	29 009
发电量(TW·h)		1007.0	1355.6	2500.3	4207.1	4700.1	4937.8	5372.1
钢产量(Mt)		95.4	128.5	353.2	637.2	683.9	717.2	779.0
水泥产量(Mt)		475.6	597.0	1068.9	1881.9	2085.0	2210.0	2416.0
货物出口总额(亿美元)		1487.8	2492.0	7619.5	15 779.5	18 983.8	20 487.1	22 090.0
货物进口总额(亿美元)		1320.8	2250.9	6599.5	13 962.4	17 434.8	18 184.1	19 499.9
SO_2 排放量(Mt)		23.70	19.95	25.49	21.85	22.18	21.18	20.44
人民币兑美元汇率		8.3510	8.2785	8.1943	6.7695	6.5488	6.3125	6.1932

注　1. GDP按当年价格计算，增长率按可比价格计算。

　　2. 能源工业固定资产投资包括煤炭开采洗选业、石油和天然气采业、电力和热水生产及供应业、燃气生产和供应业。1990年为全民所有制企业，1995—2010年为城镇固定资产投资。

数据来源：国家统计局；海关总署；中国电力企业联合会；环境保护部。

附表 1 - 2   人均能源与经济指标的国际比较（2013 年）

类　　别		中国	美国	欧盟	日本	俄罗斯	印度	OECD 国家	世界
人口（百万）		1360.7	317.8	510.0	127.5	143.5	1276.5	1237.1	7137.0
人均 GDP（美元）		6750	53 101	34 060	38 491	14 818	1504	34 686	10 486
人均化石燃料可采储量	煤（t）	174	747	110	2.7	1094	48	311	125
	石油（t）	2.47	17.00	1.76	0.05	88.50	0.63	30.15	33.38
	天然气（m³）	3381	29 264	3137	164	216 725	1097	15 520	26 019
人均一次能源消费量（kgce）		2756	10 105	4694	5311	6459	666	6389	2548
人均石油消费量（kg）		373	2615	1187	1638	1067	137	1665	586
人均发电量（kW·h）		3967	13 427	6391	8580	7282	858	8744	3240
人均钢产量（kg）		572	274	325	867	484	64	404	225
每千人汽车拥有量（辆*）		70	786	585	590	300	17	526	155
人均 CO_2 排放量（t）		6.27	18.67	7.74	10.96	11.95	1.51	11.27	4.92

注　中国煤、油、气可采储量为中国国土资源部数据，世界总计在 BP Statistical Review of World Energy 数据基础上作了修正。

*　每千人汽车拥有量为 2011 年。

数据来源：中国国家统计局；IEA；World Bank；IMF ；BP Statistical Review of World Energy，June 2014；国际钢铁协会；日本能源经济研究所，日本能源与经济统计手册 2014 年版。

附表 1 - 3　　　　　　中国能源和电力消费弹性系数

年份	能源消费比上年增长（%）	电力消费比上年增长（%）	国内生产总值比上年增长（%）	能源消费弹性系数	电力消费弹性系数
1990	1.8	6.2	3.8	0.47	1.63
1991	5.1	9.2	9.2	0.55	1.00
1992	5.2	11.5	14.2	0.37	0.81
1993	6.3	11.0	14.0	0.45	0.79
1994	5.8	9.9	13.1	0.44	0.76
1995	6.9	8.2	10.9	0.63	0.75
1996	3.1	7.4	10.0	0.31	0.74
1997	0.5	4.8	9.3	0.06	0.52
1998	0.2	2.8	7.8	0.03	0.36
1999	3.2	6.1	7.6	0.42	0.80
2000	3.5	9.5	8.4	0.42	1.13
2001	3.3	9.3	8.3	0.40	1.12
2002	6.0	11.8	9.1	0.66	1.30
2003	15.3	15.6	10.0	1.53	1.56
2004	16.1	15.4	10.1	1.60	1.52
2005	10.6	13.5	11.3	0.93	1.19
2006	9.6	14.6	12.7	0.76	1.15
2007	8.4	14.4	14.2	0.59	1.01
2008	3.9	5.6	9.6	0.41	0.58
2009	5.2	7.2	9.2	0.57	0.78
2010	6.0	14.8	10.4	0.57	1.42
2011	7.1	12.1	9.3	0.76	1.30
2012	3.9	5.9	7.7	0.51	0.72
2013	3.7	7.5	7.7	0.48	0.97

数据来源：国家统计局。

附表 1 - 4　　　　中国城乡居民生活水平和能源消费

类别		2000 年	2005 年	2009 年	2010 年	2011 年	2012 年	2013 年
人均 GDP（美元）		949	1731	3748	4425	5375	6091	6856
城镇居民人均可支配收入（元）		6280	10 493	17 175	19 109	21 810	24 565	26 955
农村居民家庭人均纯收入（元）		2253	3255	5153	5919	6977	7917	8896
城镇居民家庭恩格尔系数（%）		39.4	36.7	36.5	35.7	36.3	36.2	35.0
农村居民家庭恩格尔系数（%）		49.1	45.5	41.0	41.1	40.4	39.3	37.7
人均住房面积（m²）	城镇（建筑面积）	20.3	27.8	31.3	31.6	32.7	32.9	—
	农村（居住面积）	24.9	29.7	33.6	34.1	36.2	37.1	—
耗能器具和设备普及率（台/百户）	房间空调器 城镇	30.8	80.7	106.8	112.1	122.0	126.8	—
	房间空调器 农村	1.3	6.4	12.2	16.0	22.6	25.4	—
	电冰箱 城镇	80.1	90.7	95.4	96.6	97.2	98.5	—
	电冰箱 农村	12.3	20.1	37.1	45.2	61.5	67.3	—
	彩色电视机 城镇	116.6	134.8	135.7	137.4	135.2	136.1	—
	彩色电视机 农村	48.7	84.1	108.9	111.8	115.5	116.9	—
	家用计算机 城镇	9.7	41.5	65.7	71.2	81.9	87	—
	家用计算机 农村	0.5	2.1	7.5	10.4	18.0	21.4	—
	家用汽车 城镇	0.5	3.4	10.9	13.1	18.6	21.9	—
人均耗能（kgce）		1148	1805	2297	2426	2583	2671	2756
人均生活用电量（kW·h）		132	217	343	380	417	459	499
城镇		217	306	429	445	464	501	528
农村		84	149	267	316	368	415	465

数据来源：国家统计局；中国电力企业联合会。

附表 1-5　　　　　　　　中国分品种能源产量

年份	原煤（Mt）	原油（Mt）	天然气（亿 m³）	发电量（TW·h）	其中水电（TW·h）
1990	1080	138.3	153.0	621.2	126.7
1991	1087	141.0	160.7	677.5	124.7
1992	1116	142.1	157.9	753.9	130.7
1993	1150	145.2	167.7	839.5	151.8
1994	1240	146.1	175.6	928.1	167.4
1995	1361	150.1	179.5	1007.0	190.6
1996	1397	157.3	201.1	1081.3	188.0
1997	1388	160.7	227.0	1135.6	196.0
1998	1332	161.0	232.8	1167.0	198.9
1999	1364	160.0	252.0	1239.3	196.6
2000	1384	163.0	272.0	1355.6	222.4
2001	1472	164.0	303.3	1480.8	277.4
2002	1550	167.0	326.6	1654.0	288.0
2003	1835	169.6	350.2	1910.6	283.7
2004	2123	175.87	414.6	2203.3	353.5
2005	2350	181.35	493.2	2500.3	397.0
2006	2529	184.77	585.5	2865.7	435.8
2007	2692	186.32	692.4	3281.6	485.3
2008	2802	190.43	803.0	3495.76	637.0
2009	2973	189.49	852.7	3714.65	615.6
2010	3235	203.01	948.5	4207.16	722.17
2011	3520	202.88	1026.9	4713.02	698.95
2012	3650	205.71	1070.4	5121.04	863.43
2013	3680	209.47	1170.5	5397.59	911.64

数据来源：国家统计局。

附表 1-6　　　　世界石油、天然气、煤炭产量

石油（Mt）			
国别	2010 年	2011 年	2012 年	2013 年
沙特阿拉伯	473.8	525.8	547.0	542.3
俄罗斯	505.1	511.4	526.2	531.4
美国	339.9	352.3	399.9	446.2
中国	202.4	202.9	207.5	209.5
加拿大	164.4	172.6	182.6	193.0
伊朗	207.1	205.8	174.9	166.1
阿联酋	131.4	150.1	154.1	165.7
科威特	122.7	140.0	152.5	151.3
墨西哥	146.3	145.1	143.9	141.8
伊拉克	121.4	136.9	152.4	153.2
委内瑞拉	142.5	139.6	136.6	135.1
尼日利亚	117.2	117.4	116.2	111.3
巴西	111.7	114.6	112.2	109.9
挪威	98.6	93.4	87.5	83.2
世界	3945.4	3995.6	4118.9	4132.9
OPEC 国家	1645.9	1695.9	1778.4	1740.1

天然气（亿 m^3）			
国别	2010 年	2011 年	2012 年	2013 年
美国	6041	6513	6814	6876
俄罗斯	5889	6070	5923	6048
伊朗	1462	1518	1605	1666
卡塔尔	1167	1468	1570	1585
加拿大	1599	1605	1565	1548
中国	949	1031	1072	1171
挪威	1064	1014	1149	1088

续表

天然气（亿 m³）				
国别	2010 年	2011 年	2012 年	2013 年
沙特阿拉伯	877	992	1028	1030
阿尔及利亚	804	780	815	786
印度尼西亚	820	756	711	704
马来西亚	652	653	665	691
荷兰	705	642	639	687
土库曼斯坦	424	5951	623	624
墨西哥	551	525	569	566
埃及	613	613	609	561
阿联酋	513	523	543	560
乌兹别克斯坦	596	570	569	552
世界	31 782	32 762	33 639	33 699

煤炭（Mt）				
国别	2010 年	2011 年	2012 年	2013 年
中国	3235.0	3520.0	3650	3680
美国	983.7	992.8	922	950
印度	573.8	588.5	606	619
澳大利亚	424.0	415.5	431	461
印度尼西亚	305.9	324.9	386	423
俄罗斯	321.6	333.5	355	352
南非	254.3	255.1	260	259
德国	182.3	188.6	196	184
波兰	133.2	139.2	144	149
哈萨克斯坦	110.8	115.9	116	115
世界	7254.6	7659.4	7865	8083

　　注　煤炭包括硬煤和褐煤。2010 年褐煤产量（Mt）：中国 319.0，德国 169.4，印度
尼西亚 162.6，俄罗斯 76.0，澳大利亚 67.2，美国 64.8，波兰 56.6，印度 33.1。

　　数据来源：BP Statistical Review of World Energy；国家统计局。

附表 1 - 7 世 界 发 电 量 TW•h

国家/地区	2000 年	2005 年	2006 年	2007 年	2008 年
中国	1356	2500.3	2869.7	3281.6	3495.8
美国	3991	4257.4	4266.3	4365.0	4325.4
日本	1082	1153.1	1164.3	1180.1	1183.7
印度	565	689.6	738.7	797.9	824.5
俄罗斯	878	954.1	992.1	1018.7	1040.0
加拿大	599	614.9	602.5	621.7	664.5
德国	564	620.3	636.8	637.6	637.3
巴西	349	402.9	419.3	444.6	463.1
法国	541	575.4	574.6	569.8	574.6
韩国	295	389.5	403.6	426.6	442.6
世界	15 380	18 311.6	19 025.5	19 907.8	20 342.0
中国	3714.7	4207.2	4713.0	4937.8	5397.6
美国	4149.6	4325.9	4302.9	4256.1	4267.1
日本	1114.0	1145.3	1104.2	1101.5	1094.0
印度	869.8	922.2	1006.2	1053.9	1053.9
俄罗斯	993.1	1036.8	1054.9	1066.4	1045.0
加拿大	634.1	629.9	600.4	610.2	629.9
德国	593.2	621.0	608.9	617.6	606.1
巴西	456.6	484.8	531.8	553.7	583.6
法国	542.4	573.2	564.3	560.5	573.2
韩国	454.3	497.2	518.1	522.3	556.5
世界	20 135.5	21 325.1	22 050.9	22 504.3	23 170.1

数据来源：国家统计局；BP Statistical Review of World Energy。

附表 1 - 8　　　　　中国可再生能源开发利用量

类 别		2000 年	2005 年	2010 年	2011 年	2012 年	2013 年
水电	装置容量（GW）	79.4	117.4	213.4	230.5	248.9	280.0
	发电量（TW·h）	243.1	397.0	722.2	699.0	860.9	911.6
其中：小水电	装置容量（GW）	24.8	38.5	59.0	62.1	65.0	68.0
	发电量（TW·h）	80.0	120.9	202.3	175.7	217.3	227.3
生物质能	农村沼气（亿 m³）	23	86	140	150	160	164
	生物质和垃圾发电 装机容量（GW）	0.8	2.0	6.7	7.7	8.7	12.2
	生物质和垃圾发电 发电量（TW·h）	3.5	8.7	29.0	33.5	38.0	55.8
	生物乙醇（Mt）	—	1.0	1.86	1.9	2.0	1.7
	生物柴油（Mt）	—	—	0.4	0.4	0.5	1.0
太阳能	光伏发电（MW）	18	70	1220	3740	4920	17 840
	热水器（万 m²）	2600	8000	18 900	21 740	25 770	31 000
地热利用（Mtce）		0.7	1.2	6.7	7.4	9.7	16.1
风力发电	装机容量（GW）	0.34	1.22	44.78	62.36	75.32	91.41
	发电量（TW·h）	0.5	2.0	72.2	100.0	124.3	159.8

注　1. 生物质能传统利用是薪柴和秸秆直接燃烧。薪柴和秸秆的平均热值分别
　　　为 4000kcal/kg＝0.57kgce/kg 和 3500kcal/kg＝0.50kgce/kg。
　　2. 小水电是装机容量小于 50MW 的水电站。
　　3. 太阳能热水器提供的能源为 120kgce/（m²·年）。
数据来源：国家统计局；国家发展改革委；国家能源局；中国电力企业联合会；
　　　　　水利部；农业部；农业部规划设计研究院；清华大学建筑节能研究
　　　　　中心；中国太阳能协会；国土资源部；中国农村能源行业协会太阳
　　　　　能热利用专业委员会。

附表 1 - 9　　　　　世界可再生能源开发利用量

类别	2005 年	2008 年	2009 年	2010 年	2011 年	2012 年	2013 年
一次能源消费量（Mtce）	15 053.0	16 479.7	16 233.1	17 062.0	17 464.3	17 833.1	18 186.2

续表

	类别	2005 年	2008 年	2009 年	2010 年	2011 年	2012 年	2013 年
可再生能源	水电（TW·h）	2913.7	3083.1	3245.9	3441.2	3496.7	3656.8	3765.5
	生物质能（Mtce）	1132	1225	1247	1300	—	—	—
	地热发电（MW）	8912	10 000	10 751	11 055	11 225	114 463	12 546
	风力发电（GW）	59.1	120.8	158.9	197.0	238.0	282.0	318.1
	光伏电池产量（MW）	1760	6850	9340	15 200	37 200	37 400	43 000

注　生物质能为直接燃烧消费量。

数据来源：BP Statistical Review of World Energy，June 2013；IEA，Coal Information 2012；OECD/IEA，Energy Balances of OECD Countries；OECD/IEA，Energy Balances of Non-OECD Countries；Earth Policy Institute；World Wind Energy Association；World Watch Institute；中国太阳能协会；Solar buzz；Emerging Energy Association。

附表 1 - 10　　世界一次能源消费量及结构（2013 年）

国家/地区	一次能源消费量（Mtoe）	消费结构（%）					
		石油	天然气	煤	核电	水电	可再生能源
中国	2852.4	17.8	5.1	67.5	0.9	7.2	1.5
美国	2265.8	36.7	29.6	20.1	8.3	2.7	2.6
俄罗斯	699.0	21.9	53.2	13.4	5.6	5.9	—
印度	595.0	29.4	7.8	54.5	1.3	5.0	2.0
日本	474.0	44.1	22.2	27.1	0.7	3.9	1.9
加拿大	332.9	31.1	28.0	6.1	6.9	26.6	1.3
德国	325.0	34.5	23.2	25.0	6.8	1.4	9.1
巴西	284.0	46.7	11.9	4.8	1.2	30.7	4.6

续表

国家/地区	一次能源消费量（Mtoe）	消费结构（%）					
		石油	天然气	煤	核电	水电	可再生能源
韩国	271.3	40.0	17.4	30.2	11.6	0.5	0.3
法国	248.4	32.3	15.5	4.9	38.6	6.2	2.4
伊朗	243.9	38.1	59.9	0.3	0.4	1.4	—
沙特阿拉伯	227.7	59.3	40.7	—	—	—	—
英国	200.0	34.9	32.9	18.3	8.0	0.6	5.4
墨西哥	188.0	47.7	39.6	6.6	1.4	3.3	1.3
印度尼西亚	168.2	43.7	20.5	32.2	—	2.1	1.4
意大利	158.8	38.9	36.4	9.2	—	7.3	8.2
欧盟	1675.9	36.1	23.5	17.0	11.8	4.9	6.6
OECD 国家	5533.1	37.2	26.1	19.3	8.1	5.8	3.5
世界	12 730.4	32.9	23.7	30.1	4.4	6.7	2.2

注　1. 可再生能源是用于发电的风能、地热、太阳能、生物质和垃圾。

　　2. 水电和可再生能源按火电站转换效率 38% 换算热当量。

数据来源：BP Statistical Review of World Energy，June 2014.

附表 1-11　　　　中国一次能源消费量及结构

年份	能源消费总量（万 tce）	构成（能源消费总量为100）			
		煤炭	石油	天然气	水电、核电、风电
1978	57 144	70.7	22.7	3.2	3.4
1980	60 275	72.2	20.7	3.1	4.0
1985	76 682	75.8	17.1	2.2	4.9
1990	98 703	76.2	16.6	2.1	5.1
1991	103 783	76.1	17.1	2.0	4.8
1992	109 170	75.7	17.5	1.9	4.9
1993	115 993	74.7	18.2	1.9	5.2

续表

年份	能源消费总量（万 tce）	构成（能源消费总量为100）			
		煤炭	石油	天然气	水电、核电、风电
1994	122 737	75.0	17.4	1.9	5.7
1995	131 176	74.6	17.5	1.8	6.1
1996	135 192	73.5	18.7	1.8	6.0
1997	135 909	71.4	20.4	1.8	6.4
1998	136 184	70.9	20.8	1.8	6.5
1999	140 569	70.6	21.5	2.0	5.9
2000	145 531	69.2	22.2	2.2	6.4
2001	150 406	68.3	21.8	2.4	7.5
2002	159 431	68.0	22.3	2.4	7.3
2003	183 792	69.8	21.2	2.5	6.5
2004	213 456	69.5	21.3	2.5	6.7
2005	235 997	70.8	19.8	2.6	6.8
2006	258 676	71.1	19.3	2.9	6.7
2007	280 508	71.1	18.8	3.3	6.8
2008	291 448	70.3	18.3	3.7	7.7
2009	306 647	70.4	17.9	3.9	7.8
2010	324 939	68.0	19.0	4.4	8.6
2011	348 002	68.4	18.6	5.0	8.0
2012	361 732	66.6	18.8	5.2	9.4
2013	375 000	66.0	18.4	5.8	9.8

数据来源：国家统计局。

附表 1-12　　　　　世界化石燃料消费量

煤炭（Mtoe）				
国别	2010 年	2011 年	2012 年	2013 年
中国	1609.7	1760.8	1873.3	1925.3
美国	523.9	495.5	437.8	455.7
印度	262.7	270.6	298.3	324.3
日本	123.7	117.7	124.4	128.6
俄罗斯	90.2	93.7	93.9	93.5
南非	90.0	89.1	89.8	88.2
韩国	75.9	76.0	81.8	81.9
德国	76.6	76.0	79.2	81.3
波兰	56.4	56.1	54.0	56.1
澳大利亚	57.6	51.7	49.3	45.0
世界	3532.0	3724.3	3730.1	3826.7

石油（Mt）				
国别	2010 年	2011 年	2012 年	2013 年
美国	847.4	837.0	819.9	831.0
中国	437.7	461.8	483.7	507.4
日本	204.1	204.7	218.6	208.9
印度	155.4	163.0	171.6	175.2
俄罗斯	134.3	143.5	147.5	153.1
沙特阿拉伯	123.5	124.4	129.7	135.0
巴西	118.3	122.2	125.6	132.7
德国	115.4	112.0	111.5	112.1
韩国	105.0	105.8	108.8	108.4
加拿大	101.3	105.0	104.3	103.5
墨西哥	88.5	90.3	92.6	89.7

续表

石油（Mt）				
国别	2010 年	2011 年	2012 年	2013 年
伊朗	88.3	89.6	89.6	92.9
法国	84.5	83.7	80.9	80.3
英国	73.5	71.1	68.5	69.8
世界	4038.2	4081.4	4130.5	4185.1

天然气（亿 m³）				
国别	2010 年	2011 年	2012 年	2013 年
美国	6821	6909	7221	7372
俄罗斯	4141	4246	4162	4135
中国	1069	1309	1438	1676
伊朗	1446	1539	1561	1622
日本	945	1055	1167	1169
加拿大	950	1009	1007	1035
沙特阿拉伯	877	923	993	1030
德国	833	745	784	837
墨西哥	725	766	796	827
英国	992	828	737	731
阿联酋	608	629	656	683
意大利	761	713	687	642
世界	31 763	32 324	33 144	33 476

数据来源：BP Statistical Review of World Energy，June 2014。

附表 1-13　　中国分部门终端能源消费量及结构

类别	2000 年		2005 年		2010 年		2011 年		2012 年	
	Mtce	%	Mtce	%	Mtce	%	Mtce	%	Mtce	%
农业	40.2	4.6	57.5	4.0	57.7	2.7	70.9	3.4	80.2	3.3

续表

类别	2000 年		2005 年		2010 年		2011 年		2012 年	
	Mtce	%	Mtce	%	Mtce	%	Mtce	%	Mtce	%
工业	525.8	60.3	905.7	62.7	1376.2	65.1	1388.9	62.6	1443.7	62.3
交通运输	134.8	15.5	198.7	13.7	301.2	14.2	349.6	15.8	388.8	16.2
建筑	170.9	19.6	283.3	19.6	366.7	17.4	404.0	18.2	437.0	18.2
总计	871.7	100.0	1445.2	100.0	2115.0	100.0	2218.9	100.0	2399.7	100.0

注 1. 本表以中国综合能源平衡表为基础，按国际通行的能源平衡定义和计算方法计算得出。终端能源消费量等于一次能源消费量扣除加工、转换、储运损失和能源工业消耗的能源、电力按电热当量折算成标准煤。中国综合能源平衡表按发电煤耗法和电热当量法列出 2 组数据。发电煤耗法未扣除火力发电能源损失和能源工业消耗的能源；电热当量法扣除了发电损失，但未扣除能源工业消耗的能源，扣除这部分能源，即为符合国际准则的终端消费量。

2. 中国统计的公路交通运输用油，只统计交通运输部门运营的交通工具的用油量，为统计其他部门和私人车辆的用油量。这部分用油量为行业统计和估算值。

3. 民用、商业和其他部门能耗即建筑能源消费量，其中煤炭消费量（用于采暖、炊事和热水）的统计数据偏低，作了修正。

附表 1 - 14　　　　　中 国 能 源 进 出 口

类　别		1995 年	2000 年	2005 年	2006 年	2007 年	2008 年
原油 (Mt)	出口	18.85	10.44	8.07	6.34	3.83	3.73
	进口	17.09	70.27	127.08	145.18	163.18	178.89
石油制品 (Mt)	出口	4.14	10.30	16.88	15.88	18.05	20.12
	进口	14.40	24.32	41.45	47.20	42.18	45.63
天然气 (亿 m³)	出口	—	31.4	29.7	29.0	26.0	32.5
	进口	—	—	—	9.5	42.2	46.4
煤炭 (Mt)	出口	28.62	58.84	71.68	63.23	53.17	45.43
	进口	1.20	2.02	26.17	38.25	51.02	40.40

续表

类　别		2009 年	2010 年	2011 年	2012 年	2013 年
原油 （Mt）	出口	5.18	3.04	2.52	2.44	1.62
	进口	203.79	239.31	253.78	271.09	282.14
石油制品 （Mt）	出口	27.92	30.44	30.52	28.44	32.78
	进口	47.70	47.84	52.12	55.91	56.48
天然气 （亿 m³）	出口	32.1	40.3	41.0	28.5	27.1
	进口	76.3	164.7	310.0	398.9	518.2
煤炭 （Mt）	出口	22.40	19.03	14.66	9.26	7.51
	进口	125.83	164.78	182.40	188.51	327.08

注　1990－1995 年石油制品进出口未计液化石油气、石蜡、石油焦和石油沥青。

数据来源：海关总署。

附表 1 - 15　　　**部分国家汽油零售价（2013 年 3 月）**

国家	零售价（元/L）	其中：税（元/L）	税占零售价比重（%）
中国	7.32	2.23	30.5
美国	6.15	0.69	11.2
英国	13.12	7.67	58.5
德国	13.00	7.40	56.9
日本	10.28	4.04	39.3
韩国	10.58	5.21	49.2

数据来源：中国石化，2013 年 6 月 16 日。

附表 1 - 16　　　**部分国家终端用户天然气价格**　　　美元/toe

国家		2005 年	2010 年	2011 年	2012 年
美国	工业	361.3	230.4	219.1	163.8
	民用	546.8	477.5	464.5	417.0

续表

国家		2005 年	2010 年	2011 年	2012 年
加拿大	工业	323.4	177.9	199.1	147.4*
	民用	467.7	478.6	479.4	631.9*
英国	工业	332	365.3	458.9	496.8
	民用	502.3	291.6	869.9	951.7
德国	工业	—	666.9	753.9	829.0
	民用	—	1069.7	1277.1	1284.5
法国	工业	366.9	538.3	665.7	660.8
	民用	656.1	960.3	1121.2	1082.4
日本	工业	446.1	705.2	908.1	—
	民用	1384	1836.8	2130.6	—
韩国	工业	435.9	678.1	778	802.5*
	民用	536.5	728.3	839.7	866.8*
OECD 平均	工业	362.1	354.6	380.6	315.6*
	民用	643.6	755.6	768.5	723.7

　注　1toe＝1111m^3 天然气。

　*　2012 年 3 季度数据。

　数据来源：IEA，Energy Prices and Taxes；《国际石油经济》2013，No. 6。

附表 1-17　　**部分国家终端用户电价（2012 年）**　　美分／（kW·h）

国家	工业	民用
美国	6.7	11.9
日本	19.4	27.7
德国	14.9	33.9
法国	11.6	17.5
英国	13，4	21.6
意大利	29.2	28.8
加拿大	8.1	10.5
瑞典	8.9	22.4

　数据来源：IEA，Energy Prices and Taxes。

附表 1 - 18 中国主要污染物排放量

年份	二氧化硫（Mt）	氮氧化物（Mt）	烟尘（Mt）	工业粉尘（Mt）	废水（亿 m³）	化学需氧量（Mt）
1995	23.70	—	17.44	17.31	415.3	
2000	19.95	—	11.65	10.92	415.2	14.45
2001	19.48	—	10.70	9.91	432.9	14.05
2002	19.27	—	10.13	9.41	439.5	13.67
2003	21.59	—	10.48	10.21	460.0	13.34
2004	22.55	—	10.95	9.05	482.4	13.39
2005	25.49	—	11.82	9.11	523.0	14.14
2006	25.89	15.24	10.89	8.08	536.8	14.28
2007	24.68	16.40	9.87	6.99	556.8	13.82
2008	23.21	16.25	9.02	5.85	572.0	13.21
2009	22.14	16.93	8.47	5.24	589.2	12.78
2010	21.85	18.52	8.29	4.49	617.3	12.38
2011	22.18	24.04	12.79		659.2	25.00
2012	21.18	23.38	12.36		684.6	24.24
2013	20.44	22.27	12.87		695.4	23.53

数据来源：环境保护部。

附表 1 - 19 中国能源、电力大气污染物和 CO_2 排放系数（2012 年）

大气污染物	能源（kg/tce）	SO_2	一次能源总消费量	5.85
			化石能源消费量	6.45
		NO_x	一次能源总消费量	6.46
			化石能源消费量	7.12
		烟尘和工业粉尘	一次能源总消费量	3.42
			化石能源消费量	3.76

续表

大气污染物	电力 [g/ (kW·h)]	SO₂	总发电量	1.79
			火电	2.26
		NOₓ	总发电量	1.92
			火电	2.42
		烟尘	总发电量	0.31
			火电	0.39
CO₂	能源 (t/tce)		煤炭	2.71
			石油	2.13
	能源 (t/tce)		天然气	1.65
			一次能源消费	2.30
			化石能源	2.54
	电力 [g/ (kW·h)]		总发电量	556
			火电	702

数据来源：国家统计局；环境保护部；国家发展改革委能源研究所；中国电力企业联合会。

附录 2　节能减排政策法规

附表 2 - 1　　2006—2013 年国家出台的节能减排相关政策

类别	文件名称	文号	发布部门	发布时间	
目标责任、总体规划	我国国民经济和社会发展"十一五"规划纲要	国发〔2006〕29 号	全国人大	3 月 14 日	2006 年
	关于加强节能工作的决定	国发〔2006〕28 号	国务院	8 月 6 日	
	关于贯彻《国务院关于加强节能工作的决定》的实施意见	建科〔2006〕231 号	建设部	9 月 15 日	
	关于交通行业全面贯彻落实《国务院关于加强节能工作的决定》的指导意见	交体法发〔2006〕592 号	交通部	10 月 25 日	
	我国节能技术政策大纲（2006 年）（修订）		国家发展改革委、科技部	12 月 2 日	
	能源发展"十一五"规划		国家发展改革委	4 月 10 日	2007 年
	关于进一步加强交通行业节能减排工作的意见	交体法发〔2007〕242 号	交通部	5 月 18 日	
	关于建立政府强制采购节能产品制度的通知	国办发〔2007〕51 号	国务院	7 月 30 日	
	关于加快节能减排投资项目环境影响评价审批工作的通知	环办〔2007〕111 号	环保局、国家发展改革委	8 月 28 日	

续表

类别	文件名称	文号	发布部门	发布时间	
目标责任、总体规划	可再生能源中长期发展规划	发改能源〔2007〕2174 号	国家发展改革委	8 月 31 日	2007 年
	中华人民共和国节约能源法（修订）	主席令〔2007〕77 号	全国人大	10 月 28 日	
	可再生能源发展"十一五"规划	发改能源〔2008〕610 号	国家发展改革委	3 月 3 日	2008 年
	公路、水路交通实施《中华人民共和国节约能源法》办法	交通运输部令2008 年第 5 号	交通部	7 月 16 日	
	民用建筑节能条例	国务院令第 530 号	国务院	8 月 1 日	
	公共机构节能条例	国务院令第 531 号	国务院	8 月 1 日	
	关于贯彻实施《中华人民共和国节约能源法》的通知	发改环资〔2008〕2306 号	国家发展改革委等部门	8 月 25 日	
	关于印发公路水路交通节能中长期规划纲要的通知	交规划发〔2008〕331 号	交通部	9 月 23 日	
	关于资源综合利用及其他产品增值税政策的通知	财税〔2008〕156 号	财政部、国家税务总局	12 月 9 日	
	关于加强外商投资节能环保统计工作的通知	商资函〔2008〕88 号	商务部、环境保护部	2 月 3 日	2009 年
	国务院办公厅关于印发 2009 年节能减排工作安排的通知	国办发〔2009〕48 号	国务院	7 月 19 日	
	国家发展和改革委员会关于做好 2010 年电力运行工作的通知	发改运行〔2010〕534 号	国家发展改革委	3 月 19 日	2010 年

续表

类别	文件名称	文号	发布部门	发布时间	
目标责任、总体规划	关于组织开展资源节约型和环境友好型企业创建工作的通知	工信部联节〔2010〕165 号	工业和信息化部	4 月 8 日	2010 年
	关于进一步加大工作力度确保实现"十一五"节能减排目标的通知	国发〔2010〕12 号	国务院	5 月 4 日	
	关于发挥试点示范作用为实现"十一五"节能减排目标作贡献的通知	发改环资〔2010〕1158 号	国家发展改革委	5 月 28 日	
	电力需求侧管理办法	发改运行〔2010〕2643 号	国家发展改革委、电监会等六部委	11 月 4 日	
	工业节能"十二五"规划	工信部节〔2012〕332 号	工业和信息化部	2 月 27 日	2012 年
	节能减排"十二五"规划	国发〔2012〕40 号	国务院	8 月 6 日	
	住房城乡建设部关于印发《民用建筑能耗和节能信息统计报表制度》的通知	建科〔2013〕147 号	住建部	10 月 17 日	2013 年
	国务院关于加快发展节能环保产业的意见	国发〔2013〕30 号	国务院	8 月 1 日	
	国家发展改革委关于加大工作力度确保实现 2013 年节能减排目标任务的通知	发改环资〔2013〕1585 号	国家发展改革委	8 月 16 日	

续表

类别	文件名称	文号	发布部门	发布时间	
经济激励	关于印发《可再生能源建筑应用专项资金管理暂行办法》的通知	财建〔2006〕460 号	财政部、建设部	9 月 4 日	2006 年
	关于印发《中央财政主要污染物减排专项资金项目管理暂行办法》的通知	财建〔2007〕112 号	财政部、环保局	4 月 17 日	2007 年
	节能技术改造财政奖励资金管理暂行办法	财建〔2007〕371 号	财政部、国家发展改革委	8 月 10 日	
	关于印发《北方采暖区既有居住建筑供热计量及节能改造奖励资金管理暂行办法》的通知	财建〔2007〕957 号	财政部	12 月 20 日	
	关于印发高效照明产品推广财政补贴资金管理暂行办法的通知	财建〔2007〕1027 号	财政部、国家发展改革委	12 月 28 日	
	高效照明产品推广财政补贴资金管理暂行办法	财建〔2007〕1027 号	财政部、国家发展改革委	1 月 21 日	2008 年
	关于公布节能节水专用设备企业所得税优惠目录（2008 年版）和环境保护专用设备企业所得税优惠目录（2008 年版）的通知	财税〔2008〕115 号	财政部、国家税务总局、国家发展改革委	8 月 20 日	
	关于再生资源增值税政策的通知	财税〔2008〕157 号	财政部、国家税务总局	12 月 9 日	

续表

类别	文件名称	文号	发布部门	发布时间	
经济激励	关于印发《太阳能光电建筑应用财政补助资金管理暂行办法》的通知	财建〔2009〕129号	财政部	3月23日	2009年
	关于我国清洁发展机制基金及清洁发展机制项目实施企业有关企业所得税政策问题的通知	财税〔2009〕30号	财政部、国家税务总局	3月23日	
	高效节能产品推广财政补助资金管理暂行办法	财建〔2009〕213号	财政部	5月22日	
	关于组织申请国家机关办公建筑和大型公共建筑节能监管体系建设补助资金的通知	财办建〔2010〕28号	财政部、住房和城乡建设部	4月8日	2010年
	合同能源管理项目财政奖励资金管理暂行办法	财建〔2010〕249号	财政部、国家发展改革委	6月3日	
	关于合同能源管理财政奖励资金需求及节能服务公司审核备案有关事项的通知	财办建〔2010〕60号	财政部、国家发展改革委	6月29日	
	关于财政奖励合同能源管理项目有关事项的补充通知	发改办环资〔2010〕2528号	国家发展改革委、财政部	10月19日	
	关于印发淘汰落后产能中央财政资金管理办法的通知	财建〔2011〕180号	财政部、工业和信息化部、能源局	7月16日	2011年

续表

类别	文件名称	文号	发布部门	发布时间	
经济激励	关于印发节能技术改造奖励资金管理办法的通知	财建〔2011〕367 号	财政部、国家发展改革委	10 月 2 日	2011 年
	关于印发《夏热冬冷地区既有居住建筑节能改造补助资金管理暂行办法》的通知	财建〔2012〕148 号	财政部	4 月 9 日	2012 年
	关于组织申报 2013 年节能技术改造财政奖励备选项目的通知	发改办环资〔2012〕1972 号	财政部、国家发展改革委	7 月 17 日	
	关于印发循环经济发展专项资金管理暂行办法的通知	财建〔2012〕616 号	财政部、国家发展改革委	7 月 20 日	
	2013 年节能减排财政政策综合示范城市名单公示	—	财政部、国家发展改革委	10 月 18 日	
	国家发展改革委环资司关于拟下达 2013 年节能技术改造财政奖励项目实施计划（第一批）的公示	—	国家发展改革委	7 月 30 日	2013 年
	"能效之星"产品目录（2013 年）公告	—	工业和信息化部	11 月 28 日	
	财政部 发展改革委 工业和信息化部关于开展 1.6 升及以下节能环保汽车推广工作的通知	财建〔2013〕644 号	财政部、国家发展改革委、工业和信息化部	9 月 30 日	

续表

类别	文件名称	文号	发布部门	发布时间	
经济激励	"节能产品惠民工程"节能汽车推广目录（第八批）信息变更 2013 第 19 号公告	—	国家发展改革委、工业和信息化部、财政部	4 月 2 日	2013 年
	节能产品惠民工程高效节能家用燃气热水器推广目录（第四批）2013 年第 14 号公告	—	国家发展改革委、财政部、工业和信息化部	2 月 7 日	
	节能产品惠民工程高效节能空气源热泵热水器（机）推广企业目录（第四批）2013 年第 13 号公告	—	国家发展改革委、财政部、工业和信息化部	2 月 7 日	
	节能产品惠民工程高效节能台式微型计算机推广目录（第三批）2013 年第 12 号公告	—	国家发展改革委、财政部、工业和信息化部	2 月 7 日	
	节能产品惠民工程高效节能单元式空气调节机和冷水机组推广企业目录（第二批）2013 年第 11 号公告	—	国家发展改革委、财政部、工业和信息化部	2 月 7 日	
	节能产品惠民工程高效太阳能热水器推广企业目录（第四批）2013 年第 10 号公告	—	国家发展改革委、财政部、工业和信息化部	2 月 7 日	

续表

类别	文件名称	文号	发布部门	发布时间	
经济激励	节能产品惠民工程高效节能家用电冰箱推广目录（第四批）2013 年第 9 号公告	—	国家发展改革委、财政部、工业和信息化部	2 月 7 日	2013 年
	节能产品惠民工程高效节能电动洗衣机推广目录（第四批）2013 年第 8 号公告	—	国家发展改革委、财政部、工业和信息化部	2 月 7 日	
	节能产品惠民工程高效节能平板电视推广目录（第四批）2013 年第 7 号公告	—	国家发展改革委、财政部、工业和信息化部	2 月 7 日	
	节能产品惠民工程高效节能房间空气调节器推广目录（第九批）2013 年第 6 号公告	—	国家发展改革委、财政部、工业和信息化部	2 月 7 日	
	工业和信息化部发布《节能机电设备（产品）推荐目录（第四批）》	—	工业和信息化部	2 月 21 日	
	节能产品惠民工程高效节能配电变压器推广目录（第二批）2013 年第 32 号公告	—	国家发展改革委、财政部、工业和信息化部	5 月 21 日	
	节能产品惠民工程高效节能清水离心泵推广目录（第二批）2013 年第 31 号公告	—	国家发展改革委、财政部、工业和信息化部	5 月 21 日	

续表

类别	文件名称	文号	发布部门	发布时间	
经济激励	节能产品惠民工程高效节能容积式空气压缩机推广目录（第二批）2013年第30号公告	—	国家发展改革委、财政部、工业和信息化部	5月21日	2013年
重点工程（调整结构）	关于加强政府机构节约资源工作的通知	发改环资〔2006〕284号	国家发展改革委、国管局等五部委	2月14日	2006年
	关于加快电力工业结构调整促进健康有序发展有关工作的通知	发改能源〔2006〕661号	国家发展改革委等八部门	4月18日	
	关于印发"十一五"十大重点节能工程实施意见的通知	发改环资〔2006〕1457号	国家发展改革委	7月25日	
	关于加快推进产业结构调整遏制高耗能行业再度盲目扩张的紧急通知	发改运行〔2007〕933号	国家发展改革委	4月29日	2007年
	关于中央和国家机关进一步加强节油节电工作和深入开展全民节能行动具体措施的通知	国管办〔2008〕293号	国务院机关事务管理局、中共中央直属机关事务管理局	9月1日	2008年
	国务院2008年工作要点	国发〔2008〕15号	国务院	3月29日	
	关于进一步加强节油节电工作的通知	国发〔2008〕23号	国务院	8月1日	
	关于开展节能与新能源汽车示范推广试点工作的通知	财建〔2009〕6号	财政部、科技部	1月23日	2009年
	关于开展"节能产品惠民工程"的通知	财建〔2009〕213号	财政部、国家发展改革委	5月18日	

续表

类别	文件名称	文号	发布部门	发布时间	
重点工程（调整结构）	关于印发《"节能产品惠民工程"高效节能房间空调推广实施细则》的通知	财建〔2009〕214 号	财政部、国家发展改革委	5 月 18 日	2009 年
	关于印发《2010 年工业节能与综合利用工作要点》的通知	工信厅节函〔2010〕188 号	工业和信息化部	3 月 18 日	2010 年
	关于印发《"节能产品惠民工程"节能汽车（1.6 升及以下乘用车）推广实施细则》的通知	财建〔2010〕219 号	财政部、国家发展改革委、工业和信息化部	5 月 26 日	
	关于扩大公共服务领域节能与新能源汽车示范推广有关工作的通知	财建〔2010〕227 号	财政部、国家发展改革委等	5 月 31 日	
	关于申请组织开展推荐国家重点节能技术工作的通知	发改办环资（2013）1311 号	国家发展改革委	5 月 31 日	2013 年
实施方案（行动计划、实施意见）	建设节约型交通指导意见	交规划发〔2006〕140 号	交通部	4 月 5 日	2006 年
	关于印发千家企业节能行动实施方案的通知	发改环资〔2006〕571 号	国家发展改革委等五部门	4 月 7 日	
	国家发展改革委关于完善差别电价政策的意见	国办发〔2006〕77 号	国务院	9 月 17 日	
	"十一五"资源综合利用指导意见		国家发展改革委	12 月 24 日	

续表

类别	文件名称	文号	发布部门	发布时间	
实施方案（行动计划、实施意见）	《关于加快关停小火电机组若干意见》的通知	国发〔2007〕2 号	国务院	1 月 20 日	2007 年
	关于坚决贯彻执行差别电价政策禁止自行出台优惠电价的通知	发改价格〔2007〕773 号	国家发展改革委、电监会	4 月 9 日	
	关于印发节能减排综合性工作方案的通知	国发〔2007〕15 号	国务院	5 月 23 日	
	关于严格执行公共建筑空调温度控制标准的通知	国办发〔2007〕42 号	国务院	6 月 1 日	
	关于在交通行业开展节能示范活动的通知	交体法发〔2007〕289 号	交通部	6 月 7 日	
	关于《落实国务院节能减排综合性工作方案的通知》的实施方案	建科〔2007〕159 号	建设部	6 月 26 日	
	关于改进和加强节能环保领域金融服务工作的指导意见	银发〔2007〕215 号	中国人民银行	6 月 29 日	
	关于印发煤炭工业节能减排工作意见的通知	发改能源〔2007〕1456 号	国家发展改革委、环保局	7 月 3 日	
	关于落实环保政策法规防范信贷风险的意见	环发〔2007〕108 号	环保局、中国人民银行	7 月 12 日	
	节能发电调度办法（试行）	国办发〔2007〕53 号	国务院	8 月 2 日	
	关于印发节能减排全民行动实施方案的通知	发改环资〔2007〕2132 号	国家发展改革委	8 月 28 日	
	关于进一步贯彻落实差别电价政策有关问题的通知	发改价格〔2007〕2655 号	国家发展改革委、财政部、电监会	9 月 30 日	

续表

类别	文件名称	文号	发布部门	发布时间	
实施方案（行动计划、实施意见）	关于加强国家机关办公建筑和大型公共建筑节能管理工作的实施意见	建科〔2007〕245 号	建设部、财政部	10 月 23 日	2007 年
	节能减排授信工作指导意见	银监发〔2007〕83 号	中国银监会	11 月 23 日	
	关于调整节能产品政府采购清单的通知	财库〔2007〕98 号	财政部、国家发展改革委	12 月 5 日	
	关于港口节能减排工作的指导意见	交水发〔2007〕747 号	交通部	12 月 20 日	
	关于推进北方采暖地区既有居住建筑供热计量及节能改造工作的实施意见	建科〔2008〕95 号	建设部、财政部	5 月 21 日	2008 年
	关于印发《北方采暖地区既有居住建筑供热计量及节能改造技术导则》（试行）的通知	建科〔2008〕126 号	建设部	7 月 10 日	
	关于清理优惠电价有关问题的通知	发改价格〔2009〕555 号	国家发展改革委、电监会、能源局	2 月 25 日	2009 年
	关于 2009 年全国节能宣传周活动安排意见的通知	发改环资〔2009〕989 号	国家发展改革委等部委	4 月 17 日	
	关于 2009 年深化经济体制改革工作的意见	国发〔2009〕26 号	国家发展改革委	5 月 19 日	
	关于加快推行合同能源管理促进节能服务产业发展意见的通知	国办发〔2010〕25 号	国务院	4 月 2 日	2010 年

续表

类别	文件名称	文号	发布部门	发布时间	
实施方案（行动计划、实施意见）	关于进一步加强中小企业节能减排工作的指导意见	工信部办〔2010〕173 号	工业和信息化部	4 月 14 日	2010 年
	关于清理高耗能企业优惠电价等问题的通知	发改价格〔2010〕978 号	国家发展改革委	5 月 12 日	
	关于 2010 年全国节能宣传周活动安排意见的通知	发改环资〔2010〕989 号	国家发展改革委等	5 月 12 日	
	关于印发《节能产品惠民工程高效电机推广实施细则》的通知	财建〔2010〕232 号	财政部、国家发展改革委	5 月 31 日	
	"十二五"节能减排综合性工作方案	国发〔2011〕26 号	国务院	5 月 1 日	2011 年
	有序用电管理办法	发改运行〔2011〕832 号	国家发展改革委	7 月 6 日	
	关于居民生活用电试行阶梯电价的指导意见	发改价格〔2011〕2617 号	国家发展改革委	12 月 11 日	
	国家发展改革委环资司关于拟下达 2013 年节能技术改造财政奖励项目实施计划（第二批）的公示		国家发展改革委	12 月 17 日	2013 年
监督考核	节能减排统计监测及考核实施方案和办法	国发〔2007〕36 号	国务院	11 月 17 日	2007 年
	关于加强工业固定资产投资项目节能评估和审查工作的通知	工信部节〔2010〕135 号	工业和信息化部	3 月 23 日	2010 年
	中央企业节能减排监督管理暂行办法	国务院令〔2010〕23 号	国务院	3 月 26 日	

续表

类别	文件名称	文号	发布部门	发布时间	
监督考核	关于印发电网企业实施电力需求侧管理目标责任考核方案（试行）的通知	发改运行〔2011〕2407 号	国家发展改革委	11 月 9 日	2011 年
	关于印发万家企业节能目标责任考核实施方案的通知	发改办环资〔2012〕1923 号	国家发展改革委	7 月 26 日	2012 年
	住房城乡建设部办公厅关于开展 2013 年度住房城乡建设领域节能减排监督检查的通知		住房和城乡建设	12 月 3 日	2013 年
	2012 年万家企业节能目标责任考核结果	2013 年第 44 号公告	国家发展改革委	12 月 25 日	

附表 2 - 2　　截至 2013 年我国已颁布的能效标准

序号	标准号	标 准 名 称
1	GB 12021.2—2003	家用电冰箱电耗限定值及能效等级（第二次修订）
2	GB 12021.3—2004	房间空气调节器能效限定值及能效等级（第二次修订）
3	GB 12021.4—2004	家用电动洗衣机能效限定值及能效等级（修订）
4	GB 12021.5—1989	电熨斗电耗限定值及测试方法
5	GB 12021.6—1989	自动电饭锅效率、保温电耗限定值及测试方法
6	GB 12021.7—2005	彩色电视广播接收机电耗限定值及节能评价值（修订）
7	GB 12021.8—1989	收录机能效限定值及测试方法
8	GB 12021.9—1989	电风扇电耗限定值及测试方法
9	GB 17896—1999	管形荧光灯镇流器能效限定值及节能评价值

序号	标准号	标 准 名 称
10	GB 18613—2002	中小型三相异步电动机能效限定值及节能评价值
11	GB 15153—2003	容积式空气压缩机能效限定值及节能评价值
12	GB 19043—2003	普通照明用双端荧光灯能效限定值及能效等级
13	GB 19044—2003	普通照明用自镇流荧光灯能效限定值及能效等级
14	GB 19415—2003	单端荧光灯能效限定值及节能评价值
15	GB 19573—2004	高压钠灯能效限定值及能效等级
16	GB 19574—2004	高压钠灯用镇流器能效限定值及节能评价值
17	GB 19576—2004	单元式空气调节机能效限定值及能效等级
18	GB 19577—2004	冷水机组能效限定值及等效等级
19	GB 19761—2005	通风机能效限定值及节能评价值
20	GB 19762—2005	清水离心泵能效限定值及节能评价值
21	GB 20052—2006	三相配电变压器能效限定值及节能评价值
22	GB 20665—2006	家用燃气快速热水器和燃气采暖热水炉能效限定值及能效等级
23	GB 18613—2006	中小型三相异步电动机能效限定值及能效等级
24	GB 20053—2006	金属卤化物灯用镇流器能效限定值及能效等级
25	GB 20054—2006	金属卤化物灯能效限定值及能效等级
26	GB 20943—2007	单路输出方式交流—直流、交流—交流外部电源能效限定值及节能评价值
27	GB 19762—2007	清水离心泵能效限定值及节能评价值
28	GB 21454—2008	多联式空气调节（热泵）机组能效限定值及能效等级
29	GB 21455—2008	转速可控型房间空气调节器能效限定值及能效等级
30	GB 21456—2008	家用电磁灶能效限定值及能效等级
31	GB 21518—2008	交流接触器能效限定值及能效等级
32	GB 21519—2008	储水式电热水器能效限定值及能效等级

续表

序号	标准号	标 准 名 称
33	GB 21520—2008	计算机显示器能效限定值及能效等级
34	GB 21521—2008	复印机能效限定值及能效等级
35	GB 12021.6—2008	自动电饭锅能效限定值及能效等级
36	GB 12021.9—2008	交流电风扇能效限定值及能效等级
37	GB 24500—2009	工业锅炉能效限定值及能效等级
38	GB 19761—2009	通风机能效限定值及能效等级
39	GB 19153—2009	空积式空气压缩机能效限定值及能效等级
40	GB 12021.3—2010	房间空气调节器能效限定值及能效等级
41	GB 24849—2010	家用和类似用途微波炉能效限定值及能效等级
42	GB 24850—2010	平板电视能效限定值及能效等级
43	GB 12021.4—2013	电动洗衣机能效水效限定值及等级
44	GB 21455—2013	转速可控型房间空调调节器能效限定值及能效等级
45	GB 19044—2013	普通照明用自镇流荧光灯能效限定值及能效等级
46	GB 24850—2013	平板电视能效限定值及能效等级
47	GB 29539—2013	吸油烟机能效限定值及能效等级
48	GB 29541—2013	热泵热水机（器）能效限值及能效等级

附表 2-3　　　"十二五"主要节能目标

	指　标	单 位	2010 年	2015 年	变化幅度/变化率
工业	单位工业增加值（规模以上）能耗	%			[−21%左右]
	火电供电煤耗	gce/（kW·h）	333	325	−8
	火电厂厂用电率	%	6.33	6.2	−0.13
	电网综合线损率	%	6.53	6.3	−0.23
	吨钢综合能耗	kgce	605	580	−25

续表

指　标		单位	2010 年	2015 年	变化幅度/ 变化率
工业	铝锭综合交流电耗	kW·h/t	14 013	13 300	-713
	铜冶炼综合能耗	kgce/t	350	300	-50
	原油加工综合能耗	kgce/t	99	86	-13
	乙烯综合能耗	kgce/t	886	857	-29
	合成氨综合能耗	kgce/t	1402	1350	-52
	烧碱（离子膜）综合能耗	kgce/t	351	330	-21
	水泥熟料综合能耗	kgce/t	115	112	-3
	平板玻璃综合能耗	kgce/重量箱	17	15	-2
	纸及纸板综合能耗	kgce/t	680	530	-150
	纸浆综合能耗	kgce/t	450	370	-80
	日用陶瓷综合能耗	kgce/t	1190	1110	-80
建筑	北方采暖地区既有居住建筑改造面积	亿 m²	1.8	5.8	4
	城镇新建绿色建筑标准执行率	%	1	15	14
交通运输	铁路单位运输工作量综合能耗	tce/（百万换算 t·km）	5.01	4.76	[-5%]
	营运车辆单位运输周转量能耗	kgce/（百 t·km）	7.9	7.5	[-5%]
	营运船舶单位运输周转量能耗	kgce/（千 t·km）	6.99	6.29	[-10%]
	民航业单位运输周转量能耗	kgce/（t·km）	0.450	0.428	[-5%]
公共机构	公共机构单位建筑面积能耗	kgce/m²	23.9	21	[-12%]
	公共机构人均能耗	kgce/人	447.4	380	[15%]
终端用能设备能效	燃煤工业锅炉（运行）	%	65	70～75	5～10
	三相异步电动机（设计）	%	90	92～94	2～4

续表

指　　标	单位	2010 年	2015 年	变化幅度/变化率
容积式空气压缩机输入比功率	kW/（m³/min）	10.7	8.5～9.3	-1.4～-2.2
电力变压器损耗	kW	空载：43 负载：170	空载：30～33 负载：151～153	-10～-13 -17～-19
汽车（乘用车）平均油耗	L/百 km	8	6.9	-1.1
房间空调器（能效比）		3.3	3.5～4.5	0.2～1.2
电冰箱（能效指数）	%	49	40～46	-3～-9
家用燃气热水器（热效率）	%	87～90	93～97	3～10

注　［ ］内为变化率。

资料来源：《节能减排"十二五"规划》（国发〔2012〕40 号）。

附表 2 - 4　　　　　"十二五"主要减排目标

	指　　标	单位	2010 年	2015 年	变化幅度/变化率
工业	工业化学需氧量排放量	万 t	355	319	［-10%］
	工业二氧化硫排放量	万 t	2073	1866	［-10%］
	工业氨氮排放量	万 t	28.5	24.2	［-15%］
	工业氮氧化物排放量	万 t	1637	1391	［-15%］
	火电行业二氧化硫排放量	万 t	956	800	［-16%］
	火电行业氮氧化物排放量	万 t	1055	750	［-29%］
	钢铁行业二氧化硫排放量	万 t	248	180	［-27%］
	水泥行业氮氧化物排放量	万 t	170	150	［-12%］
	造纸行业化学需氧量排放量	万 t	72	64.8	［-10%］
	造纸行业氨氮排放量	万 t	2.14	1.93	［-10%］
	纺织印染行业化学需氧量排放量	万 t	29.9	26.9	［-10%］
	纺织印染行业氨氮排放量	万 t	1.99	1.75	［-12%］

	指　标	单位	2010 年	2015 年	变化幅度/变化率
农业	农业化学需氧量排放量	万 t	1204	1108	[−8%]
	农业氨氮排放量	万 t	82.9	74.6	[−10%]
城市	城市污水处理率	%	77	85	8

注　[ ] 内为变化率。

资料来源:《节能减排"十二五"规划》(国发〔2012〕40 号)。

附表 2-5　"十二五"时期中国淘汰落后产能一览表

行业	主　要　内　容	单位	产能
电力	大电网覆盖范围内,单机容量在 10 万 kW 及以下的常规燃煤火电机组,单机容量在 5 万 kW 及以下的常规小火电机组,以发电为主的燃油锅炉及发电机组(5 万 kW 及以下);大电网覆盖范围内,设计寿命期满的单机容量在 20 万 kW 及以下的常规燃煤火电机组	万 kW	2000
炼铁	400m³ 及以下炼铁高炉等	万 t	4800
炼钢	30t 及以下转炉、电炉等	万 t	4800
铁合金	6300kV·A 以下铁合金矿热电炉,3000kV·A 以下铁合金半封闭直流电炉、铁合金精炼电炉等	万 t	740
电石	单台炉容量小于 12 500kV·A 电石炉及开放式电石炉	万 t	380
铜(含再生铜)冶炼	鼓风炉、电炉、反射炉炼铜工艺及设备等	万 t	80
电解铝	100kA 及以下预焙槽等	万 t	90
铅(含再生铅)冶炼	采用烧结锅、烧结盘、简易高炉等落后方式炼铅工艺及设备,未配套建设制酸及尾气吸收系统的烧结机炼铅工艺等	万 t	130

续表

行业	主 要 内 容	单位	产能
锌（含再生锌）冶炼	采用马弗炉、马槽炉、横罐、小竖罐等进行焙烧、简易冷凝设施进行收尘等落后方式炼锌或生产氧化锌工艺装备等	万 t	65
焦炭	土法炼焦（含改良焦炉），单炉产能 7.5 万 t/年以下的半焦（兰炭）生产装置，炭化室高度小于 4.3m 焦炉（3.8m 及以上捣固焦炉除外）	万 t	4200
水泥（含熟料及磨机）	立窑，干法中空窑，直径 3m 以下水泥粉磨设备等	万 t	37 000
平板玻璃	平拉工艺平板玻璃生产线（含格法）	万重量箱	9000
造纸	无碱回收的碱法（硫酸盐法）制浆生产线，单条产能小于 3.4 万 t 的非木浆生产线，单条产能小于 1 万 t 的废纸浆生产线，年生产能力 5.1 万 t 以下的化学木浆生产线等	万 t	1500
化纤	2 万 t/年及以下黏胶常规短纤维生产线，湿法氨纶工艺生产线，二甲基酰胺溶剂法氨纶及腈纶工艺生产线，硝酸法腈纶常规纤维生产线等	万 t	59
印染	未经改造的 74 型染整生产线，使用年限超过 15 年的国产和使用年限超过 20 年的进口前处理设备、拉幅和定形设备、圆网和平网印花机、连续染色机，使用年限超过 15 年的浴比大于 1∶10 的棉及化纤间歇式染色设备等	亿 m	55.8
制革	年加工生皮能力 5 万标张牛皮、年加工蓝湿皮能力 3 万标张牛皮以下的制革生产线	万标张	1100
酒精	3 万 t/年以下酒精生产线（废糖蜜制酒精除外）	万 t	100
味精	3 万 t/年以下味精生产线	万 t	18.2
柠檬酸	2 万 t/年及以下柠檬酸生产线	万 t	4.75

续表

行业	主　要　内　容	单位	产能
铅蓄电池 （含极板及组装）	开口式普通铅蓄电池生产线，含镉高于0.002%的铅蓄电池生产线，20万 kVA·h/年规模以下的铅蓄电池生产线	万 kVA·h	746
白炽灯	60W 以上普通照明用白炽灯	亿只	6

资料来源：《节能减排"十二五"规划》（国发〔2012〕40 号）。

附表 2-6　　"十二五"交通运输发展主要目标

	指　　　标	2010 年	2015 年
基础设施	公路网总里程（万 km）	398.4	450
	高速公路总里程（万 km）	7.4	10.8
	高速公路覆盖20万以上城镇人口城市比例（%）	80	≥90
	二级及以上公路总里程（万 km）	44.5	65
	国省道总体技术状况（MQI,%）	72	>80
	农村公路总里程（万 km）	345.5	390
	沿海港口通过能力适应度	0.98	1.1
	沿海港口深水泊位数（个）	1774	2214
	内河高等级航道里程（万 km）	1.02	1.3
	民用机场总数（个）	175	≥230
	邮政局所数量（万个）	4.8	6.2
运输服务	营运中高级客车比例（%）	28	40
	营运重型车、专用车、厢式车比例（%）	17.9、5.4、19.2	25、10、25
	内河货运船舶船型标准化率（%）	20	50
	乡镇、建制村通班车率（%）	98、88	100、92
	国道平均运行速度（km/h）	57.5	60
	沿海主要港口平均每装卸千吨货在港停时下降率（%，基年：2010 年）	15	
	民航航班正常率（%）	81.5	>80

续表

	指　　标	2010 年	2015 年
运输服务	乡（镇）邮政局所、建制村村邮站和邮件转接点覆盖率（%）	75、51	＞95、80
	300 万人口以上、100 万～300 万人口以及 100 万人口以下的城市，公交车辆拥有率（标台/万人）	—	15、12、10
科技与信息化	科技进步贡献率（%）	50	55
	国省道重要路段和内河干线航道重要航段监测覆盖率（%）	30	≥70
	重点营业性运输装备监测覆盖率（%）	70	100
绿色交通	营运车辆单位运输周转量能耗和二氧化碳排放下降率（%，基年：2005 年）	10、11	
	营运船舶单位运输周转量能耗和二氧化碳排放下降率（%，基年：2005 年）	15、16	
	民航运输吨千米能耗和二氧化碳排放下降率（%，基年：2010 年）	＞3	
	国省道单位行驶量用地面积下降率（%，基年：2010 年）	5	
	沿海港口单位长度码头岸线通过能力提高率（%，基年：2010 年）	5	
	总悬浮颗粒物（TSP）和化学需氧量（COD）等主要污染物排放强度［t/（亿 t·km）］下降率（%，基年：2010 年）	20	
安全应急	营运车辆万车 km 事故数和死亡人数下降率（年均，%）	3	
	城市客运百万车 km 事故数和死亡人数下降率（年均，%）	1	
	百万吨港口吞吐量事故数和死亡人数下降率（年均，%）	5	
	沿海重点水域监管救助飞机应急到达时间（min）	≤150	≤90
	民航运输飞行百万小时重大事故率（5 年累计）	0.05	＜0.2

附录3 技术名词及术语释义

循环流化床锅炉 circulating fluidized bed boiler，CFBB

CFBB 是把煤和吸附剂（石灰石）加入燃烧室的床层中，从炉底鼓风使床层悬浮，进行流化燃烧；流化形成湍流混合条件，从而提高燃烧效率；石灰石固硫减少 SO_2 排放；较低的燃烧温度（830～900℃）使 NO_x 生成量大大减少；高速空气夹带固体颗粒进入并返回燃烧器，进行辅助燃烧，促使煤粒沸腾燃尽。与采用煤粉炉和烟道气净化装置的电站相比，SO_2 和 NO_x 可减少50％，无需烟气脱硫装置。与常规层燃锅炉相比，可节煤10％。

绿色煤电 green coal power generation

绿色煤电是指污染物和 CO_2 近零排放的煤基电厂。中国华能绿色煤电项目，采用具有自主知识产权的先进技术，包括煤气化联合循环发电（IGCC），污染物回收，碳分离、利用或封存。

第三代核反应堆 third generation nuclear reactor

第一代核反应堆是苏联和美国20世纪50年代建设的实验性和原型堆。第二代反应堆是20世纪60年代在第一代反应堆基础上设计制造的300MW以上的压水堆、沸水堆和重水堆，在进一步证明核电的技术可行性的同时，使核电的经济性可与火电相竞争。1980－1990年，为消除三里岛和切尔诺贝利核电站严重事故的负面影响，世界核电界致力于核电站严重事故的预防和后果的缓解的研究和攻关。美国1989年编制的"先进轻水堆用户要求文件"规定：具有非能动安全系统，堆芯熔化和放射性外泄等严重事故的发生概率比现有反应堆降低1～2个数量级，寿命60年，可用率87％以上，建造周期缩短到

42～54 个月，经济性运行 10 年后超过其他可供选择的电厂 10%，运行 30 年后超过 20%。目前比较成熟的第三代反应堆有美国的 AP-1000 和欧洲的 ERP。

分布式能源   distributed energy

在靠近用户的地方安装小型发电机组（通常几千瓦到几万千瓦），向一定区域内的用户提供电、热（热水或蒸汽）和冷能（冷水或冷风）的能源系统。

与常规的集中供电电站相比，分散发电具有以下优势：没有或很少输配电损耗；无需建设变电站和配电站，可避免输配电成本；可根据热或电的需求进行调节，从而增加年设备利用小时数；土建和安装成本低；各电站相互独立，用户可自行控制，不会发生大规模供电事故，供电的可靠性高；可进行遥控和监测区域电力质量和性能；非常适合为乡村、牧区、山区、发展中区域及商业区和居民区提供电力；联产效率高，可减少 CO_2 和大气污染物排放，可再生能源发电没有或很少 CO_2 和大气污染物排放。

薄膜光伏电池   thin film photovoltaic cell

用非晶硅、硫化镉、砷化镓、铜铟硒（CIS）等薄膜为基本材料制成的光伏电池。制造工艺有辉光放电、化学气相沉积、溅射、真空蒸镀等。薄膜光伏电池用塑胶、玻璃等物料为基板，若用塑胶为基板，电池柔软，可折叠。薄膜光伏电池可节省材料，成本较低，用途广泛。用于建筑，便于与屋顶或外墙融为一体。新一代薄膜光伏电池的厚度只有 $2～3\mu m$，仅为晶体硅电池的 1/100，转换效率 7%～8%，最高已达 13%。生产薄膜电池耗能比多晶硅电池少，其能源偿还期（产品投入使用后所生产的能源，补偿生产这种产品消耗的能源所需的时间）1.0～1.5 年，多晶硅电池需 4～6 年。

海上风力发电 off-shore wind power generation

在海上建造风力机发电。海上风力机要经受盐雾腐蚀，海浪、潮流冲击，解决海底承载、抗拔、防水平位移等技术问题；海上风电成本比陆上高得多。

特高压输电 ultra-high voltage (UHV) transmission line

按照我国的电网电压标准，交流标准电压 1000kV（设备最高电压 1100kV）、直流额定电压 ±800kV 称为特高压。特高压长距离、大容量输电，可减少线路损失。1000kV 交流输送功率可达 4～5GW，为 500kV 输送功率的 4～5 倍，理论线路损耗仅为 500kV 的 1/4。

智能电网 smart grid

美国科学家在 2003 年美国、加拿大大停电事故后提出"智能电网"新概念。智能电网是信息技术与电力工业的融合，是 21 世纪新的能源技术革命的标志。在智能电网中，电力交易和使用在互联网上进行，每台发电、变电设备以及终端用电设备和器具都有电子芯片，利用先进的通信、信息和控制技术，实现电网的信息化、数字化、自动化和互动化，从而大大提高电网资源优化配置能力，提高供电可靠性，确保大电网的安全稳定运行，改善电能质量，解决可再生能源电力的接入问题。在电网发生大的扰动或故障时，电网能自我愈合，有效防止大停电事故。居民用户可自动选择最低电价用电，电网对需求侧进行精细管理，从而更加节省电力，提高终端用电效率。

先进选煤技术 advanced coal preparation technology

主要是重介质选煤技术。重介质选煤是利用磁铁矿粉等配制的重介质悬浮液（其密度介于煤和矸石之间）将煤与矸石等杂质分开。这种选煤工艺分选效率高，对煤质的适应性强，操作方便，易自控。

水平钻井 horizontal drilling

应用定向钻井技术，在地面向下钻到一定深度时，采用挠性钻具和定向装置逐渐拐弯，进入油气层或煤层，沿水平方向钻进。水平钻井可以扩大油气层和煤层的暴露面积，是提高油田采收率、开采页岩气和煤层气，以及进行煤炭地下气化实现的一项关键技术。

三次采油　tertiary recovery

二次采油后从油田进一步采出剩余储量的方法。目前三次采油的主要方法是往油层中注入聚合物增黏剂以改善地下油水流度比；在注入水中加表面活性剂，减少油水界面张力；往油层中注入某些溶剂（如液化石油气或二氧化碳）以溶解和稀释剩余油改善其流动性；注入高温高压水蒸气降低原油黏度等。

智能油田　intellectual oil field

智能油田是应用信息技术实现数字化、智能化的油田。它全面感知油田动态，预测变化趋势，自动操控油田活动，持续优化油田管理与决策，促使油田企业提高新增储量、产量和采收率，更加安全和环保。

煤层气开采　coal bed methane mining

煤层气是一种以吸附或游离状态赋存在煤层中的非常规天然气，其甲烷含量超过 90%。它既是洁净能源，又是一种温室气体，而且煤矿井下泄出的甲烷有爆炸危险，是煤矿安全生产的一大隐患。煤层气在井下钻孔或地面钻井抽采。

页岩气开采　shale gas mining

将页岩气从地层采出到地面的工艺过程。通常在探明的气田钻井，并诱导气流，使页岩气靠地层压力由井内自喷至井口。页岩气是一种非常规天然气，赋存在泥页岩中，以吸附和游离状态存在。

干熄焦　coke dry quenching, CDQ

在密闭的装置内，用惰性气体氮气作热载体熄灭红焦，利用高温氮气的热能生产蒸汽供发电的装置。干熄焦装置一般由熄焦槽、余热锅炉、发电设备、提升设备、带式输送机、氮气循环系统和除尘系统组成，整个工艺系统可分为物料流程、氮气循环和蒸汽热力循环三个部分。每熄1t红焦约需循环氮气1500m³（标况下），焦炭一般冷却到250℃以下。与湿法熄焦相比，干熄焦可以回收利用红焦的物理显热，每吨焦可回收蒸汽500～600kg。处理1t红焦可节能40kgce，同时大幅减少熄焦水等污染物的排放量，并可提高焦炭质量。

连续铸锭   continuous casting

钢液通过连铸机直接铸成钢坯的生产过程。连续铸造具有如下优点：①简化了生产工艺。省去模铸、初轧和开坯工序，不仅降低了能耗，还缩短了钢液成坯的时间。②金属收得率由模铸的84%～88%提高到95%～96%。③节约能源。生产1t连铸坯比模铸—初轧成坯节能30kgce，再加上提高成材率节约的能源，吨材综合能耗可下降100～110kgce。④改善了劳动条件，易于实现自动化。⑤铸坯质量好。由于连铸冷却速度快，连续拉坯、浇注条件可控、稳定，因此铸坯内部组织均匀、致密，偏析少。

高炉煤气顶压透平   top gas pressure recovery turbine，TRT

利用高炉顶部煤气压力发电的装置。高炉煤气的热值一般为3350kJ/m³（标况下），通常只用作燃料，顶部压力没有得到利用，通过减压阀减压后输入管网。高炉煤气顶压发电，是先将具有一定压力（$9.8×10^4$Pa以上）的高炉煤气通过膨胀透平发电机发电，然后再利用它的热能。干法TRT吨铁发电量可达35～40kW·h。为了保持高炉生产的稳定性，膨胀透平具有良好的调节性能，在高炉临时停送煤气时，它可以自动转入发电机运行。煤气进入透平前，要经过多级除尘，使含尘量小于5mg/m³（标况下），以减轻对透平的磨损和防止堵塞。

烧结余热发电　Sintering waste heat generation

利用钢铁生产烧结工序的余热发电。烧结是将贫铁矿石经选矿得到的铁精矿石或富铁矿石、在破碎筛分过程中产生的矿粉、生产过程中回收的含铁粉料、熔剂及燃料等按一定比例混合，加水制成颗粒状的混合料，平铺在烧结机上，点火、吹风烧结成块。烧结把不能直接加入高炉的铁矿石入炉炼铁，并改善原料的冶炼性能。烧结工序能耗仅次于炼铁，占钢铁企业总能耗的 9%～12%。烧结余热发电是将烧结机烟气经净化后，通过余热锅炉或热管装置产生蒸汽，驱动汽轮机发电。每吨烧结矿产生的烟气余热可发电 20kW·h，吨钢综合能耗可降低 8kgce。

钢铁可循环流程　circulative process for steel complex

2007 年，我国 6 家大型钢铁企业（宝钢、鞍钢、武钢、首钢、唐钢、济钢）和相关大学、科研机构组建钢铁可循环流程技术创新战略联盟。该联盟在大型焦炉能源高效转换技术、超大型高炉系统工艺技术、高品质薄板和中厚板生产技术等方面联合研发，利用现有的先进技术、工艺与装备集成为新一代可循环钢铁制造流程，使钢铁工业具备产品制造、能源转换、废弃物处理等功能。吨钢能耗可降到 640kgce 以下。目标是：年产 300Mt 优质钢材，可同时发电 210TW·h，生产水泥 90Mt，高炉利用国内 1/5 废塑料，节水 16.2 亿 m^3，减排 CO_2 100Mt。

大容量预焙槽制电解铝　large capacity preroaster for electrolytic aluminium

一种高效电解铝工艺。在铝的生产中，从采矿、选矿、氧化铝冶炼、铝电解到铝材加工，电解铝是耗能最大的工序。铝电解是使直流电通过以氧化铝为原料、冰晶石为熔剂组成的电介质，在 950～970℃温度下使电介质溶液中的氧化铝分解为铝和氧；在阴极上析出的铝液汇集在电解槽底部，阳极上析出二氧化碳和一氧化碳；铝液经净化后铸成铝锭。预焙槽是阳极槽，阴极置于电解槽中。大容量预焙槽通常是指电流强度超过 140kA 的预焙槽。300kA 的大型预焙槽与 60kA 自焙槽相比，吨铝电耗可降低 2000kW·h 以上。

水泥新型干法生产工艺　new dry technique for cement production

水泥新型干法生产工艺亦称水泥窑外窑分解窑。带分解窑的悬浮预热器窑，是 20 世纪 70 年代发展起来的水泥生产新工艺。这种新工艺是将原在回转窑中进行的干燥、预热过程改在悬浮预热器中进行，将物料的分解反应移到回转窑以外的分解炉中进行，窑内只有消耗热量少的反应过程，从而大大减轻了窑的热负荷。分解炉装在窑尾，并有流化床燃烧器，改变了窑内火焰与料层表面接触的低效加热，实现能量的分级利用。水泥窑外分解窑与同样直径的湿法窑相比，热耗可降低一半左右，还能大幅度提高产量。

纯余热发电技术　net waste heat generation

利用新型干法水泥窑余热发电的技术。窑头、窑尾分别加设余热锅炉回收余热。回收窑头、窑尾余热时，优先满足生产工艺要求，在确保煤磨和原料磨物料烘干所需热量后，剩余的余热通过余热锅炉回收生产蒸汽。一般窑尾余热锅炉直接产生过热蒸汽提供给汽轮机发电，窑头锅炉若带回热系统的可直接生产过热蒸汽，若不带回热系统则生产部分饱和蒸汽和过热水送至窑尾锅炉。日产 2000t 新型干法水泥窑纯余热发电系统可装机 3000kW，年发电量约 1620 万 kW·h。

水泥散装　cement unpackaged

水泥散装是指水泥在工厂生产出来后，直接用专用车辆运到施工现场。1 亿 t 水泥散装，可少用 20 亿只包装纸袋，节省制造纸袋的优质木材 330m³，以及生产纸袋用纸消耗的水 1.2 亿 m³、煤 80 万 t，还可避免纸袋破损和残留造成的水泥损耗 500 万 t，总共节能 237

万 tce。

新型墙体材料　new type wall materials

新型墙体材料是指用来替代传统黏土实心砖的墙体材料。新型墙体材料有三大类 20 多种。包括烧结空心制品，如空心砖、加气混凝土、混凝土砌块等；利用工业废渣（煤矸石，粉煤灰，各种废渣）和江、河、湖淤泥（砂）为主要原料的烧结制品；轻质墙板，如聚苯乙烯泡沫塑料板、岩棉板、玻璃棉板、石膏板等。新型墙体材料与黏土实心砖相比，具有重量轻、性能好、能耗低、施工快等优点，而且可避免取土毁田。生产新型墙体材料的能耗比黏土实心砖低 40％；用于建筑，采暖能耗减少 30％以上。

超高性能混凝土　ultra high performance concrete

性能远远超过普通混凝土的混凝土。它用钢纤维增强而不用钢筋。与普通混凝土相比，其抗压强度高 6～8 倍，抗折强度高 10 倍，耐火性高 100 倍，并具有良好的隔热性能，在保证一定强度的条件下，可以做得非常薄，可像雕塑一样做成各种颜色和形状。用 C110-137 超高性能混凝土替代我国建造高层建筑常用的 C40-60 混凝土，可节省水泥 30％～70％，钢材 15％～25％。这种混凝土是法国拉法基公司专利产品。

先进制砖技术　advanced brick production technique

高效率、多功能、自动化、节能环保的制砖技术。我国已生产年产 6000 万块标准砖的大型自动化制砖设备。液压振动成型，使砖或砌块密实度均匀，强度高。自主研制生产的 750mm 大型真空挤出机已投产。大型制砖机可生产普通砖、多孔砖、空心砌块等多种产品。可利用煤矸石、粉煤灰、炉渣等为主要原料，生产免烧砖，无需烧结，常温养护即可。

低发射率玻璃　low-E membrane plating glass

在玻璃上镀一层或多层由银、铜、锡等金属或其化合物组成的薄膜，这种玻璃对可见光有较高的透射率，能反射 80％以上室内物体辐射的红外线，使其保留在室内，具有良好的阻隔热辐射的保温性能，同时能反射太阳辐射热，并避免反射光污染。

离子膜法制烧碱技术　caustic soda production technique by ion exchange membrane

用离子交换膜、电解质溶液制造高纯度烧碱、氯气和氢气的工艺。原盐经水化、精制后进入电解槽阳极室，利用阳极室和阴极室之间的离子膜有选择地让一定离子通过，得到高纯度碱，并产出氯气和氢气。离子交换膜具有排斥阴离子而吸引阳离子的特性。电解时，阳极室中带正电荷的钠离子通过离子膜进入阴极室，与阴极室中由纯水离解生成的带负电荷的 OH^- 结合成 $NaOH$，即烧碱；同时，从阴极放出氢气，从阳极放出氯气。离子膜法制碱与隔膜法相比，综合能耗可降低 28％；设备效率高、占地少，单位投资可减少 25％；生产稳定；无污染。

石油化工高效催化剂　high efficiency catalyst for petrochemical industry

催化剂又称触媒，是一种能改变反应速度而不改变反应的吉布斯（吸收单位，以单位面积克分子数表示的表面浓度）自由熵变化的物质。催化剂是石化行业聚合工艺的核心技术。它可使化学反应在较低温度和压力下进行，减少能耗，从而使反应加速；还可提高选择性，减少副产物，提高产品纯度。目前在生产中应用的高效催化剂主要有：第 4 代钛基 Z/N 催化剂，用于聚乙烯生产；改性铬基催化剂，用于高密度聚乙烯生产；茂金属单中心催化剂，是新一代高效聚烯烃催化剂，它对乙烯的聚合催化活性比高效 Z/N 催化剂高 2 个数量级，主要用于聚乙烯生产。聚乙烯主要用于包装膜、电线电缆、耐用品、汽车用品以及泡沫材料、黏合剂和涂料等，它特别适用于合成纤维和薄膜的生产，可催化聚合用作工程塑料原料的间规聚苯乙烯、聚丙烯等。合成甲醇采用铜基催化剂，压缩机电耗降低 60%。正研究开发的主要是非茂金属单中心高效催化剂，一种是镍钯基新催化剂，它比低金属催化剂的适应范围广，而且生产能耗更低；另一种是高活性铁基和钴基新催化剂，不仅适用范围比低金属催化剂广，活性高，而且耐用，生产成本低。

炼油化工一体化　refining-chemical integration

在一个企业内同时进行炼油和化工生产，充分体现循环经济理念。这种模式的特点是集约化，短流程，安全环保。各种生产装置通过管道连接，不用储罐和车辆；原料互供，综合利用水平高；所用燃料全部是经脱硫净化的气体燃料；充分利用余热。因此，原料和能源利用率高，污染物排放少。

再生铜　regenerated copper

利用回收的废铜生产的铜。与生产原生铜相比，再生铜可以节约能源，减少污染物排放。纯净的废铜可在感应电炉中熔炼；混杂的废铜的再生，采用反射熔炼炉—电解精炼工艺。再生铜单位能耗为原生铜的 55%（原生铜包括矿石开采、选矿和冶炼）。生产 1 万 t 再生铜，可节水 730m³，减排 CO_2 1400t，减排固体废物 420t。

再生铝　regenerated aluminum

回收废旧铝加工生产的铝。我国废杂铝再生利用技术，是以单室反射炉熔炼技术为主。生产再生铝的单位能耗仅为原生铝的 3.7%（原生铝能耗包括矿石开采、选矿、冶炼）。再生铝主要用于汽车、摩托车、农用机械制造和铝型材加工等。

建筑节能技术   building energy-saving technology

节能建筑的节能型结构、材料、器具和产品。主要包括：①围护结构。外墙和屋面，采用复合隔热保温结构，墙体材料采用加气混凝土、多孔砖、膨胀珍珠岩、岩棉、聚苯乙烯、聚氨酯泡沫塑料等；窗采用低导热系数材料、热反射或低发射率镀膜中空玻璃。与我国常规建筑相比，采暖空调能耗可减少 50%～80%。②采暖空调。采用燃气热电冷联供系统；其中供热采用高效锅炉、双管系统和调控装置，热表到户，计量收费。节能潜力 30%～35%。③采用高效燃气和电热水器，可节能 15%。热泵热水器替代电阻热水器，节能潜力 50%。④照明。用紧凑型荧光灯替代白炽灯，可节能 70% 以上；细管荧光灯替代粗管荧光灯，可节能 10%；日光集光和分配照明系统，可节能 50%。⑤采用建筑用能计算机控制系统（采暖、通风、空调、照明等），可节能 25%。⑥利用可再生能源。被动太阳房，一个采暖季可节能 $30kgce/m^2$；太阳热水器，年节能 $120kgce/m^2$（集热面积）；先进太阳能建筑，采用光伏电池发电系统，热泵，控制系统，高性能隔热保温材料，蓄热材料和窗玻璃，可节能 85%；地热水供暖，一个采暖季可节煤 $40kg/m^2$；地源热泵采暖空调，可节能 30% 以上。

先进太阳能热水器   advanced solar water heater

太阳能热水器是把太阳能转换为热能以实现加热水为目的的装置。主要有平板型和真空管型两类。先进平板型热水器采用分体式结构，集热器与储水箱分置，便于与建筑结合，可安装在阳台或屋顶上；储水箱为承压式，用顶水法获取热水；采用双循环运行系统，集热器加热传热工质（防冻液），再经换热器加热储水箱中的水。与真空管型热水器相比，分体式平板热水器热性能高，操作简便，安全可靠，使用寿命长。

地源热泵　ground source heat pumps

热泵是以消耗一部分高质能（机械能、电能、热能等）为补偿，使热量从低温热源向高温热源传递的装置。由于热泵能将低温位热能转换成高温位热能，提高能源的有效利用率，因而是回收低温余热以及利用环境介质（地下水、地表水、土壤、室外空气等）中依存的能量的重要途径。目前已在采暖、空调、蒸馏、蒸发、干燥等方面得到应用。热泵按其消耗能量的形式可分为压缩式热泵和吸收式热泵。压缩式热泵是利用某种冷媒（如氟利昂、氨或水）在低压下吸热蒸发，然后通过压缩机升压冷凝放热的装置；吸收式热泵是采用吸收器、发生器和溶液泵替代压缩式热泵中的压缩机进行升压的一种热泵。

热泵的经济性以消耗单位功量所得到的供热量来衡量，称为供热系数，即热泵的供热量/热泵消耗的功量。如果热泵供热系数为 4，就意味着消耗 1 份功量可以得到 4 倍功量的热量。

地源热泵是利用浅层地热的一种地下热交换器热泵系统。浅层地热来自土壤、砂石和地下水，热交换器通常采用垂直埋管，钻井深度一般不超过 50～100m。地源热泵的供热系数一般可达 3～4。地源热泵供暖比燃煤锅炉节能 20%～50%，供冷比冷水机组节能 10%～20%。

高效房间空调器　high efficiency room air-conditioners

比通用标准型空调器具有更高效率的节能空调器。高效空调器采用匹配合理、能耗低的压缩机、变频压缩机、冷凝器、蒸发器以及高效风扇电动机，采用过热控制技术（电子膨胀阀）调节制冷剂流量，模糊控制。变频空调比定速空调节能 30% 左右。

农村沼气　rural biogas

沼气是生物质（主要是人、畜粪便，以及农业和工业有机废弃物），在厌氧条件下通过微生物分解而成的一种可燃气体，含甲烷 60%～70%，热值约 5500kcal/m^3。

先进民用固体燃料炉灶 advanced domestic solid fuel fired stove and cooking stove

燃用煤和生物质能及其制品的高效率、低排放、可调节、多用途的家用炉灶。先进民用柴炉,燃用经过加工的型柴,热效率达70%以上,可自动控制,烟气催化净化。先进燃煤炉灶应用热工、燃烧和自动控制新技术,采用二次供风方式,使燃料充分燃烧,热效率高,不冒烟。煤炉内还设有小锅炉,提供热水,并通过暖气片供几个房间取暖。新型燃煤炉的热效率都在65%以上,带小锅炉的可达75%以上。多用途煤灶,外形类似燃气灶,有炉盘和烤箱,内置锅炉,通过水箱供热水或供暖。我国曾引进英国先进煤炉。

紧凑型荧光灯 compact fluorescent lamps,CFL

俗称节能灯。是一种新型高效电光源产品,发光效率60~80lm/W,寿命6000~8000h。与普通白炽灯相比,发光效率高5~7倍,节电70%~75%,寿命长8~10倍。由于光效高、显色性好、体积小巧、结构紧凑、使用方便,是替代白炽灯的理想电光源。

CFL是一种低压汞蒸气放电灯。灯管以专用玻璃管制成,两端是灯丝,灯丝上涂有发射电子的电子粉,灯管内充有少量汞及惰性气体,管壁涂有稀土三基色荧光粉(以钇、镓、铟等稀土元素为原料制成的发光材料,红、绿、蓝三基色荧光粉能发出色温2700~7300K的白光),灯管与镇流器合为一体,不用启辉器。产品有U、D、螺旋、球、环等形状,配电子或电感镇流器。其发光原理与荧光灯基本相同。通电后,电极发出电子,撞击汞原子,产生紫外辐射,轰击荧光粉产生可见光。CFL适用于家庭、宾馆、商场、学校、办公室以及公共建筑照明。

智能照明 intellectual lights

利用计算机、无线通信数据传输、扩频电力载波通信技术、计算机智能化信息处理以及节能型电器控制等技术组成的分布式无线遥测、遥控、遥信照明控制系统，实现照明设备的智能化控制。其功能包括：自动调节室内照度，自动切换各照明回路灯具的运行，从而均衡各照明回路灯具的运行时间，灯具亮度无级调节，定时控制，自动延时，灯光情景设置，停电状态记忆，开关状态锁定，达到安全、节能、高效、舒适的目的。智能照明适当、均匀、稳定、无频闪。自动调节照度，充分利用日光，可节电 30%。控制系统有效抑制电压波动，软起动、软关断技术避免冲击电流对光源的损害，灯具寿命可延长 2～4 倍。

建筑自动控制系统　building automation system，BAS

建筑自动控制系统是智能建筑信息化系统的重要组成部分。它利用计算机技术和网络系统，对建筑的通风系统、空调系统、冷冻水系统、供热系统、给排水系统、照明系统、电力系统等实施集中管理和自动监控，可节能 25%，节省人力 50%，并提高工作效率。

高效清洁柴油汽车　high efficiency clean diesel vehicles

采用高效内燃机的汽车，主要是载货车。目前，高效柴油汽车发动机的效率已达 40%～45%，还可进一步提高到 55%。高效柴油汽车采用先进的绝热外壳、高压喷燃、涡轮增压、高强轻质材料、减少摩擦和重量等技术。同等排量的柴油车与汽油车相比，扭矩高 50%，可节油 30%，减排 CO_2 25%。2010 年 12 月，华泰汽车公司推出自主研发的我国首款可达欧 V 排放标准的中、高级清洁柴油轿车，2011 年销量可望达到 3 万～5 万辆。

纤维素乙醇　cellulose ethanol

亦称第二代生物乙醇。是以农林废弃物和非粮作物为主要原料制取的生物乙醇。纤维素原料来源广泛，包括作物秸秆、稻壳、甘蔗渣、木屑、麻风树、柳枝稷、蓖麻、松子、竹子、海藻等。第一代生物乙醇以粮食为原料，包括甘蔗、玉米、小麦、薯类、甜菜等，存在"与人争食，与粮争地"以及产品能耗较高等问题。寻找能使纤维素转化为糖的合适的酶，是纤维素乙醇的关键技术。生物乙醇掺入汽油提高了燃料的辛烷值，取代含铅的添加剂，可减少汽车尾气中一氧化碳和碳氢化合物排放。而且乙醇含氧量高，可促使燃料充分燃烧，从而降低油耗。

小排量汽车　small-displacement vehicles

发动机排气量小的乘用汽车。国内外没有统一标准。目前，我国小排量车标准定在 1.6L，1.0L 以下的称为微型车。在国外，日本 0.66L 以下、欧洲 1.3L 以下为微型车。

排量 2L 的汽车，油耗比 1.3L 汽车高 40%，3L 汽车比 1.3L 汽车高 60%。

纯电动汽车　pure electric vehicle

完全由车载可充电电池（铅酸电池、镍镉电池、镍氢电池、锂离子电池）作动力源的汽车。它的关键技术是电池、驱动电机和控制技术。我国生产的纯电动车已采用锂离子电池和稀土永磁无刷电机。电池充电有三种方式：普通充电方式，用交流插头插在车上充电，需 2~6h；快速充电，20~30min，充入电池容量的 50%~80%；更换电池，电池可租赁。

混合动力汽车　hybrid electric vehicle

以汽油或柴油为基本燃料的内燃机和电动机共同提供动力的汽车。动力源通常是汽油内燃机和可充电电动机。这两种动力源在汽车不同行驶状态下分别工作或一起工作，通过这种组合减少燃油消耗和尾气排放。通常起步和低速行驶时，仅靠电力驱动；行驶速度升高或紧急加速时，汽油发动机和电动机同时工作；高速行驶时，电池为空调、音响、前灯、尾灯等供电；减速和制动时，电动机变成发电机，为电池充电。与燃油汽车相比，综合工况下可节油 $15\% \sim 25\%$；与纯电动车相比，它在动力性能、续行里程、使用方便性等方面具有优势。

氢燃料电池汽车　hydrogen fuel cell vehicle，HFCV

以氢燃料电池为动力源的汽车。燃料电池是将氢和氧经过电化学反应转变成电能的装置。HFCV 的原理是：将氢送到燃料电池的阳极板（负极），经催化剂（铂）作用，氢原子中的一个电子被分离出来，失去电子的氢离子（质子）穿过质子交换膜，到达燃料电池的阴极板（正极），由于电子不能通过质子交换膜，只能经外部电路到达阴极板，从而在外部电路中产生电流。电子到达阴极板后与氧原子（氧从空气中获得）和氢离子重新结合成水，燃料电池发出的电，经逆变器、控制器等装置向电动机供电，再经传动系统带动车轮转动。

氢燃料电池的能量转换效率高达 $60\% \sim 80\%$，为内燃机的 $2 \sim 3$ 倍，质子膜燃料电池的工作温度只有 80℃（车用内燃机燃烧室温度高达 800℃），不会产生氮氧化物，只排放纯水。因此 HFCV 是不排放任何污染物和二氧化碳的零排放汽车。

电动自动车　electric bicycle

用电池输出的电力驱动的自行车。使用电动自行车，既安静又清洁，而且穿行、停车方便，维修保养成本低，可替代燃油驱动的轻便摩托车。电动自行车的最大问题是交通安全。

智能交通系统　intellectual transportation system，ITS

将信息技术、卫星技术、数据通信传输技术、电子控制技术和计算机处理技术结合在一起的自动引导、调度和控制的智能化交通系统。包括城市交通和高速公路智能调度系统、客流疏导系统、基于数字地图和全球定位系统（GPS）的车载导航系统、信号灯自适应系统、驾驶者信息系统、不停车收费系统、紧急情况处理系统等。它使人、车、路和谐统一，密切配合。完善的智能交通系统可使路网运行效率提高 80%～100%，堵塞减少 60%，交通事故死亡人数减少 30%～70%，车辆油耗降低 15%～30%。

高效变压器　high efficiency transformer

采用新技术、新工艺、新材料降低电能损耗的高能效变压器。例如，用非晶金属材料替代冷轧硅钢片设计新的结构和工艺；45°全斜接缝无冲孔铁芯结构，可使空载损耗降低 15%～20%；采用冷轧硅钢片全自动生产线等。非晶合金变压器的空载损耗仅为 S9 型高效硅钢变压器的 20% 左右，相对降耗约 80%。

大功率电力电子器件　high power electronic device

电力电子技术是应用电力学、电子学和控制理论，通过电力电子器件对电能进行变换和控制的技术。其所变换的电力的功率小到几瓦甚至 1W 以下，大到几百兆瓦，甚至吉瓦。大功率电力电子器件通常是指电流数十至数千安、电压数百伏以上的器件。电力电子器件又称功率半导体器件。电力电子器件主要有晶闸管、可关断晶闸管、功率晶体管等。电力电子器件向复合化、模块化、功率集成化和智能化方向发展。新型芯片和器件包括金属氧化物半导体场效应晶体管（MOSFET）、集成门极换流晶闸管（IGCT）、绝缘栅双极晶体管（IGBT）、超快恢复二极管（FRD）等。

电力电子技术广泛用于电机调速、发电机励磁、感应加热、无功补偿、电镀、电解电源、通信网络电源以及冶金、输变电、汽车电子、轨道交通、新能源等领域。电力电子器件体积小，重量轻，响应快，功耗小，效率高，节能效果十分明显，可节电 10%～40%。

附录 4　能源计量单位及换算

附表 4-1　　　　　　　　常用能源计量单位

tce	吨标准煤（吨煤当量）。标准煤是按煤的热当量值计算各种能源的计量单位。1kgce＝7000kcal＝29 307kJ
Mtce	百万标准煤
kgce	千克标准煤
gce	克标准煤
toe	吨油当量。油当量是按石油的热当量值计算各种能源的计量单位。1kgoe＝10 000kcal＝41 816kJ
Btu	英热单位。1Btu＝252cal＝1055J
kcal	千卡
Mt	百万吨
st	短吨。1st＝2000Ib＝907.185kg
MW	千千瓦（兆瓦）
GW	百万千瓦（吉瓦）
TW	10 亿千瓦（太瓦）
kW·h	千瓦时
GW·h	百万千瓦时
TW·h	10 亿千瓦时

附表 4-2　　　　　　我国能源计量单位换算

能源名称	平均低位发热量	折标准煤系数
原煤	20 908kJ（5000kcal）/kg	0.7143kgce/kg
洗精煤	26 344kJ（6300kcal）/kg	0.9000kece/kg

续表

能源名称		平均低位发热量	折标准煤系数
其他洗煤	洗中煤	8363kJ（2000kcal）/kg	0.2857kgce/kg
	煤泥	8363～12 545kJ（2000～3000kcal）/kg	0.2857～0.4286kgce/kg
焦炭		28 435kJ（6800kcal）/kg	0.9714kgce/kg
原油		41 816kJ（10 000kcal）/kg	1.4286kgce/kg
燃料油		41 816kJ（10 000kcal）/kg	1.4286kgce/kg
汽油		43 070kJ（10 300kcal）/kg	1.4714kgce/kg
煤油		43 070kJ（10 300kcal）/kg	1.4714kgce/kg
柴油		42 652kJ（10 200kcal）/kg	1.4571kgce/kg
液化石油气		50 179kJ（12 000kcal）/kg	1.7143kgce/kg
炼厂干气		45 998kJ（11 000kcal）/kg	1.5714kgce/kg
天然气		38 931kJ（9310kcal）/m^3	1.3300kgce/m^3
焦炉煤气		16 726～17 981kJ（4000～4300kcal）/m^3	0.5714～0.6143kgce/m^3
其他煤气	发生炉煤气	5227kJ（1250kcal）/m^3	0.1786kgce/m^3
	重油催化裂解煤气	19 235kJ（4600kcal）/m^3	0.6571kgce/m^3
	重油热裂解煤气	35 544kJ（8500kcal）/m^3	1.2143kgce/m^3
	焦炭制气	16 308kJ（3900kcal）/m^3	0.5571kgce/m^3
	压力气化煤气	15 054kJ（3600kcal）/m^3	0.5143kgce/m^3
	水煤气	10 454kJ（2500kcal）/m^3	0.3571kgce/m^3
煤焦油		33 453kJ（8000kcal）/kg	1.1429kgce/kg
粗苯		41 816kJ（10 000kcal）/kg	1.4286kgce/kg
热力（当量）			0.034 12kgce/MJ（0.142 86kgce/1000kcal）
电力（当量）（等价）		3596kJ（860kcal）/（kW·h）按当年火电发电标准煤耗计算	0.1229kgce/（kW·h）

续表

能源名称		平均低位发热量	折标准煤系数
生物质能	人粪	188 17kJ（4500kcal）/kg	0.643kgce/kg
	牛粪	13 799kJ（3300kcal）/kg	0.471kgce/kg
	猪粪	12 545kJ（3000kcal）/kg	0.429kgce/kg
	羊、驴、马、骡粪	15 472kJ（3700kcal）/kg	0.529kgce/kg
	鸡粪	18 817kJ（4500kcal）/kg	0.643kgce/kg
	大豆秆、棉花秆	15 890kJ（3800kcal）/kg	0.543kgce/kg
	稻秆	12 545kJ（3000kcal）/kg	0.429kgce/kg
	麦秆	14 635kJ（3500kcal）/kg	0.500kgce/kg
	玉米秆	15 472kJ（3700kcal）/kg	0.529kgce/kg
	杂草	13 799kJ（3300kcal）/kg	0.471kgce/kg
	树叶	14 635kJ（3500kcal）/kg	0.500kgce/kg
	薪柴	16 726kJ（4000kcal）/kg	0.571kgce/kg
	沼气	20 908kJ（5000kcal）/kg	0.714kgce/m³

参　考　文　献

[1] 国家统计局.2014 中国统计年鉴.北京：中国统计出版社，2014.

[2] 国家统计局.2014 中国统计摘要.北京：中国统计出版社，2014.

[3] 国家统计局能源统计司.中国能源统计年鉴2013.北京：中国统计出版社，2014.

[4] 中国电力企业联合会.电力工业统计资料汇编2013.

[5] 中国电力企业联合会.中国电力行业年度发展报告2014.北京：光明日报出版社，2014.

[6] 国家统计局.2013 年国民经济和社会发展统计公报.

[7] IEA. World Energy Outlook 2012.

[8] BP Statistical Review of World Energy 2014. Sept 2014.

[9] 日本能源经济研究所.日本能源与经济统计手册2013 年版.

[10] 国家能源局.能源发展"十二五"规划.2011.

[11] 国家能源局.能源科技"十二五"规划.2011.

[12] 王庆一.2013 能源数据，2013.

[13] 中国民用航空局.我国民用航空发展第十二个五年规划.2011.

[14] 中国电力网，http：//www.chinapower.com.cn/.

[15] 煤炭产业网，http：//www.mtcy.ibicn.com/.

[16] 铁道部，2013 年铁路统计公报.

[17] 杨申仲，杨炜.行业节能减排技术与能耗考核.北京：机械工业出版社，2011.

[18] 中国电子信息产业发展研究院.2013—2014 年中国工业节能减排发展蓝皮书.北京：人民出版社，2014.

[19] 国务院办公厅.2014—2015 年节能减排低碳发展行动方案.